生物資源の

経済学入門

河田幸視 著

大学教育出版

はじめに

　私たちの生活の基本となる衣食住において、いまなお生物資源が占める割合は非常に高い。私たちが身にまとう「服飾」は、化学繊維もあるものの、その多くは動物か植物由来なのであって、生物起源である。私たちが日々摂取する「食材」は、そのほとんどが生物起源である。私たちが暮らす「住居」には、多数の木材や他の生物起源の繊維が使われている。

　加えて、私たちが毎日のように往来する「道路」の周りには、多様な景観が広がっている。農村部では豊かな自然が取り囲むことが通常であり、都市部では街路樹などによる緑化が試みられている。また、「余暇」を過ごす場所として、自然豊かなレジャー地が選択されることは少なくなく、その一例としてグリーン・ツーリズムの形で推進されている農村滞在型観光や、エコ・ツーリズムの形で推進されている原生度が高い自然環境への観光がある。

　このように、衣・食・住・交通・余暇をめぐって私たちの生活は、依然として生物資源と密接に関係している。そしてこの関係は、単に一方的に人間が、膨大な規模を誇る自然を細々と利用しているという関係ではない。自然自体が人間による利用によって、同じく大きな影響を受けているとともに、その影響は地球のあらゆる場所に及んでいる。供給源の機能と関わっては、世界的な規模での種の絶滅や個体数の大幅な減少が問題となっている。その多くは過剰な利用に起因するものであるが、中には過少な利用が種の減少に帰着するケースがあり、近年とくに注目を集めている。吸収源の機能と関わっては、石弘之の『地球環境報告』（岩波新書、1988年）では、北極のシロクマが、大都会のドブネズミくらい汚れていることが記されており、小島あずさ他の『海ゴミ』（中公新書、2007年）では、深海6500が捉えた深海の底のマネキンの写真が掲載され、海底や海

岸に膨大な海ゴミが存在することが豊富な事例とともに記されている。こうしてみると、人による影響は、いまや地球のあらゆる場所に及んでいるのであり、時にはそこに生息する生物に大きな影響をもたらしている。

こうした生物資源が有する、とりわけ供給源の機能を管理する方法を、本書は経済学的観点から考察する。本来、野生動物の適切な生息数を決めるということは、分をわきまえない行為であろう。しかし、人が自然に及ぼす膨大な影響を考える時、人間活動を抑制する必要があり、その前提として、適切な生物資源の利用のあり方を提示することは、必要不可欠なことであろう。

本書は、筆者が2005～2007年度に慶應義塾大学経済学部でおこなった環境経済学に関する一連の講義、とりわけ3～4年生向けに開講された「資源経済論」の講義ノートをベースとして、大幅な加筆・修正を施し執筆したものである。資源経済学は環境経済学の1分野をなし、再生可能資源を扱うものと非再生可能資源を扱うものとに大別される。本書では、このうち再生可能資源、とりわけ生物資源を取り上げて解説した。

3年間の講義の間には、幾度となく、どのような本を読めばよいかという質問をいただいた。その主原因の1つは、著者の説明がさほど上手ではなかったことと思われるが、他方で、資源経済学に関心を持ち、いっそう深く学びたいという方も少なくなかったと思う。こうした質問をいただくたびに、これといった適当な邦文テキストを紹介できず、心苦しい思いをした。執筆動機として適当なテキストがないためという言葉をしばしば見かけるものであるが、これが単なる決まり文句ではないということを、いざ教える立場になって痛感させられた。

このような経験を活かしつつ、いくつかの点に留意して本書を執筆した。特に、次の2つを述べておきたい。第1に、邦文ではさほど紹介されていないトピックを優先的に選択したことである。環境経済学の邦文テキストで通常紹介される内容は、基本的事項を体系立てて紹介する上で必要な事柄に絞り、なるべく邦文での紹介が少ない事項を多く盛り込むようにした。

このことと関連するが、本書では、余剰生産量モデルを取り扱い、コーホートモデルは取り上げていない。わが国では、水産資源管理学や漁業管理学

と称される分野でコーホートモデルが多用されている一方で、余剰生産量モデルは犬猿されがちであるという印象を、筆者は持っている。しかしながら、海外の資源経済学の研究では、余剰生産量モデルが採用されるのが一般的であり、反対にコーホートモデルはほとんど用いられない。本書で余剰生産量モデルを取り扱うのは、このように、わが国では紹介や適用が少ないが、海外の研究では標準になっているためである。

　第2に、生物資源の経済学では、将来を見据えた資源利用を考察することから、動学的な分析が不可欠であり、ある程度の数式を用いざるを得ない。そこで本書では、入門と銘打ちながらも、余剰生産量モデルを用いた基礎的な分析の理解に必要な最小限の解説を、数式を用いつつ加えた。本書での目標は、生物資源の経済学の源流ともいうべき1975年のクラークとムンロー論文に示された資源経済学の黄金律を、計算して使えるようになることである。その補完として、MS-Excelを用いた数値演算の章を設け、理解が促進されるように配慮した。

　わが国では、資源経済学の類書は少ない。生物資源の経済学で教えるべき標準的内容について、これといった道標はなく、今後の体系化が望まれる。そこで、本書では取り上げなかったトピックを挙げておくならば、例えば、独占モデル、捕食・被食モデル、複数漁獲対象魚種と複数漁業モデル、森林最適伐採モデルなどがあり、これらはいずれも本書の内容よりもアドバンストなものといえよう。その一部は、拙著『自然資源管理の経済学』（大学教育出版、2007年）において実証研究を紹介しているので、ご高覧賜れば幸いである。

　本書には、著者のこなれない訳語や思わぬ間違いが散見されるかもしれない。また、著者の整理の仕方に少なくない異論があるかもしれない。さらに、著者にとって節目となる時期での出版を目指したため、意を尽くしきれていない部分が残っている。これらについては、他日を期して是非とも改善したい。

　最後に、前著に続き、この度も出版をご快諾いただいた大学教育出版に、心から御礼申し上げる。本書の内容は、私の修士課程での指導教官であった京都

大学名誉教授北畠能房先生の学恩を色濃く受けている。不肖の弟子は、いくばくであれその教えを引き継ぎ、本書に活かせていることを願うばかりである。慶應義塾大学経済学部には、一連の講義をおこなう機会をいただき、多くの受講生に忍耐強く授業を聞いていただいた。厚く御礼申し上げる。

2008年3月17日

河田　幸視

生物資源の経済学入門

目　次

はじめに ………………………………………………………………… i

第1章　生物資源とその利用 ………………………………………… 1

第1節　資源とは　*1*
1. ジンマーマンの機能的資源論　*1*
2. 必要性・稀少性・有用性　*2*
3. 潜在資源と顕在資源　*3*

第2節　資源の分類　*3*
1. 経済学における分類　*3*
2. 再生可能資源と非再生可能資源　*4*
3. 抽出的資源と非抽出的資源　*5*

第3節　エントロピーと経済活動　*7*
1. 経済活動と熱力学の第一法則　*7*
2. 消費と熱力学の第二法則　*8*
3. 物質代謝と生物循環　*10*

第4節　資源の利用　*12*
1. 保存・保護・保全　*12*
2. 持続的利用と保全　*15*
3. 過少利用と過剰利用　*16*

第2章　資源・環境経済学と資源・環境問題 ………………………… 19

第1節　資源・環境経済学　*19*
1. 環境経済学と外部性　*19*
2. 生物資源の経済学の位置づけ　*21*
3. 生物資源の経済学の諸類型　*22*

第2節　資源・環境問題　*25*
1. 稀少性と必要性　*25*
2. 自由財と自由処分の仮定　*26*
3. 資源・環境問題　*27*

第3節　資源利用の現状　*29*
　　　1. 環境容量　*29*
　　　2. エコロジカル・フットプリント　*32*
　　　3. 自然資源の現状　*34*

第3章　外　部　性 …………………………………………………… *41*

　第1節　金銭的外部性と技術的外部性　*41*
　　　1. 市場の失敗と金銭的外部性　*41*
　　　2. 技術的外部性　*41*
　　　3. 技術的外部性の定義と類型　*42*
　第2節　正の外部性と負の外部性　*43*
　　　1. 状況設定と概要　*43*
　　　2. 負の外部性　*44*
　　　3. 正の外部性　*45*
　第3節　資源経済学における外部性　*46*
　　　1. オープン・アクセス問題　*46*
　　　2. 動的外部性　*50*
　　　3. 生物的外部性　*56*

第4章　生物学的モデル ………………………………………… *60*

　第1節　個体群と増殖モデル　*60*
　　　1. 個体群　*60*
　　　2. 指数関数的増殖　*61*
　　　3. ロジスティック増殖　*63*
　第2節　密度効果　*66*
　　　1. 増殖率と密度効果　*66*
　　　2. 補償と非補償　*67*
　第3節　ロジスティック増殖の一般化　*69*
　　　1. 一般化ロジスティック増殖　*69*

2. アリー効果の内包モデル　*69*

　　3. 不動点と安定性　*70*

第5章　静学的経済モデル …………………………………… *73*

　第1節　余剰生産量モデル　*73*

　　1. 資源動態と余剰生産　*73*

　　2. モデルの分類　*75*

　　3. 余剰生産量モデル　*75*

　第2節　捕獲と総収入、総費用　*77*

　　1. 持続的捕獲量　*77*

　　2. 総収入関数と総支出関数　*78*

　　3. 静学的最適解の図的描写　*81*

　第3節　静学の分析　*83*

　　1. 静学的最適解の解析的導出　*83*

　　2. 生物経済的均衡　*84*

　　3. 供給曲線の導出　*86*

第6章　動学的経済モデル …………………………………… *89*

　第1節　諸概念　*89*

　　1. ユーザー・コスト　*89*

　　2. 自然資本　*90*

　　3. 割引と割引現在価値　*92*

　第2節　最適化問題と黄金率　*94*

　　1. 定式化　*94*

　　2. 資源経済学の黄金率　*98*

　　3. 動学的最適解の実現経路　*102*

　第3節　最適解の特徴と供給曲線　*103*

　　1. 動学的最適解の位置づけ　*103*

　　2. ストック外部性と限界ストック効果　*104*

3.　供給曲線の導出　*106*

第 7 章　MS-Excel を用いた数値例 …………………………… *109*
　第 1 節　生物学的モデル　*109*
　　　1.　指数的増殖　*109*
　　　2.　ロジスティック増殖　*110*
　第 2 節　経済モデル　*113*
　　　1.　捕獲量が定数の場合　*113*
　　　2.　捕獲量が関数の場合　*115*
　　　3.　静学的最適化　*119*
　　　4.　オープン・アクセス均衡　*122*
　　　5.　動学的最適化　*122*
　　　6.　供給曲線　*123*

第 8 章　最適管理基準と外部性の内部化 …………………… *128*
　第 1 節　最適管理基準　*128*
　　　1.　MSY 管理基準とその問題点　*128*
　　　2.　経済的管理基準　*130*
　第 2 節　内部化手法　*130*
　　　1.　手法の分類　*131*
　　　2.　参入制限　*132*
　　　3.　価格規制　*135*
　　　4.　数量規制　*135*
　　　5.　その他　*138*

あとがき ……………………………………………………………… *141*

引用文献 ……………………………………………………………… *144*

第1章

生物資源とその利用

第1節　資源とは

1. ジンマーマンの機能的資源論

　ジンマーマンは大著『世界の資源と産業』の中で、資源は物質の形態をとるという伝統的な捉え方を批判し、資源とは、「物あるいは物質が果たしうる機能、あるいはそれが関係する作用に関するもの」（p.35）であると述べた。資源とは、単なる物質ではなく、社会的厚生の向上をもたらすあらゆる有形・無形の機能や作用であり、社会的背景に応じて変動しうるものである。後述するように、生物多様性、生態系、気候、文化、地理的条件、あるいは人間までもが資源として把握されるのである[1]。こうした資源の捉え方は、**機能的資源論**と呼ばれる。

　資源は、それを用いる人びとが所属する時代や文化、それらが反映する知識などに依存して、さらには、個々人の欲望や社会的情勢・目的に依存して、利用可能な賦存量が変化しうる[2]。とりわけ生物資源は、利用の仕方がその資源の賦存量（ストック）に大きく影響を及ぼしうる。ジンマーマンの言葉を借りれば、資源は物質的に厳として存在する静的なものではなく、さまざまな状況下で変動する「**動的なもの**」なのである。こうした資源の特徴を、ジンマーマンは前掲書の34ページで次のように述べている。

　　資源は生きた現象であって、人間の努力と働きに応じて、拡大したり収縮したりするものである。資源は合理的・調和的な取扱いのもとでは繁殖し、戦争と不和のも

とでは萎縮する。資源は大部分人間自身の創造物である。

（ジンマーマン，1954，p.34）

　資源がいかに社会とともに動的に変動するかを例証するために、ここでは事例として野生のゴムの木を取り上げて見てみよう[3]。もともとゴムは、コロンブスが西欧に伝えたものであるが、その後しばらくの間、西欧社会では無用の長物でしかなかった。チャールズ・グッドイヤーは、硫黄を混ぜたゴムを熱することで、乾燥して弾力がある実用的なゴムができることを偶然発見した。1844年にグッドイヤーがこの硬化法による加硫ゴム製法の特許を取得したことで、野生のゴムの木に対する認識が改まり、資源的価値が高まることになった。ここにおいて、野生のゴムの木は、価値ある生物資源として顕在化したのである。しかし、その後ゴムの木の栽培方法、さらには合成ゴムの製造法が確立されるにつれて、野生のゴムの木の価値は下がり、再び無用の長物に戻ったのである。

2. 必要性・稀少性・有用性

　こうしてみると、資源として顕在化するには、**必要性**がなければならない。さらに、経済学の分析の対象となるには、必要性に加えて当該資源に**稀少性**が存在することが求められる。ジンマーマンがいうように、資源は使い方次第で利用が過剰にも過少にもなりうるのであるが、それは、この必要性と稀少性とに深く係わっている。

　資源として顕在化するには、さらに、それが**有用物の集合体**であり、異物が混入していない必要がある。異物が混ざっている場合、異物の分離に要する費用が有用物としての価値を上回るならば、市場に提供されることはないであろう。

　1975年に沼津市が「混ぜればゴミ、分ければ資源」というスローガンの下で全国に先駆けて分別収集を始めたことは、今では有名な話である。排出物が再び資源として利用されるには、異物の混入がない、あるいは目的に適った物質の集合体となっていることが要求される。このスローガンは、そのことを述

べているといえよう。

　これは、新たに自然から得られる資源についても同様である。泥砂や無用な他の鉱物に混じって存在するこうした地下資源（鉱物、石油、石炭など）は、採掘や抽出という過程を経て私たちの利用に供されることになる。魚類や陸上野生動物といった生物資源の場合も、魚はさばかれ、動物は解体されて、初めて個々の目的に利用されることになる。

3. 潜在資源と顕在資源

　資源は潜在的な場合と顕在的な場合に区別可能であった。最後に、この点について附言しておく。現在の文部科学省科学技術・学術審議会資源調査分科会の前身である科学技術庁資源調査会は、1961年に『日本の資源問題』において、潜在的・顕在的という観点から分類をおこなった。そこでは、**潜在資源**は、**気候的条件**（降水、光、温度、風、潮流など）、**地理的条件**（地質、地勢、位置、陸水、海水など）、**人間的条件**（人口の分布と構成、活力、再生産力など）に分類されている。**顕在資源**は、**天然資源**（生物資源と無生物資源）、**文化的資源**（資本、技術、技能、制度、組織）、**人的資源**（労働力、志気）である[4]。

第2節　資源の分類

1. 経済学における分類

　経済学では、生産するために投入される財やサービスのことを**生産要素**と呼び、資源は生産要素と同じ意味で用いられる。生産要素は、**土地、労働、資本**に分けられる。このうち土地と労働は、他の生産要素から作ることができないものであり、まとめて**本源的生産要素**と呼ばれる。

　土地は、具体的には、石油、鉄鉱石、水、大気、さらには環境の浄化作用などを含む概念であり、先の天然資源（あるいは自然資源）[5]に対応する。労働は、工場労働者の総労働時間（勤務時間と残業時間）のように、労働者が生

産に費やした時間のことであり、これは先の人的資源に分類される。資本は、工場設備のように、他の生産要素から生産された生産手段のことであり、先の文化資源に分類される。

ミクロ経済学では、工業のような**土地集約度**[6]が低い産業を対象にすることから、しばしばその分析にあたっては労働と資本のみが重視される。これに対して、資源経済学では土地（自然資源）に大きく焦点が当てられる。そこで、次小節では、自然資源を分類してみよう。

2. 再生可能資源と非再生可能資源

自然資源は、**再生可能資源、補充可能資源、非再生可能資源**に分類される（表1-1）。このうち、補充可能資源は再生可能資源に含められることが多い。再生可能資源は、その再生量がその時々の資源量に依存するのに対して、補充可能資源は、その補充量がその時々の資源量に依存しないという相違がある。換言すれば、前者では、人間活動の影響を受けてストックが変化し、それによって持続的に利用可能なフローが変化するのに対し、後者では、そのような人間活動による影響がみられない。再生可能資源には、野生動物、魚類、森林など、補充可能資源には、太陽エネルギー、風力、潮力、地熱などが該当する。これに対して、非再生可能資源は、再生しない資源のことを指し、石油、石炭、鉄鉱石、ボーキサイトなどが該当する。

表1-1　自然資源の分類

	再生期間	資源の種類	枯渇性	例
（補充可能資源）	−	非生物資源	無尽蔵	太陽エネルギー、風力、潮力、地熱など
再生可能資源	短期	生物資源	利用量による	野生動物、魚類、森林など
	長期	生物資源・非生物資源	減少量は利用量にほぼ一致	縄文杉、一部の地下水（化石帯水層の地下水）など
非再生可能資源	−	非生物資源	減少量は利用量に一致	化石燃料：石油、石炭など 鉱物資源：鉄鉱石、ボーキサイトなど

再生可能か否かで再生可能資源と非再生可能資源が区別されるわけであるが、例えば、石油や石炭などの生物に由来すると考えられる化石燃料は、数百万年単位の時間で考えれば再生可能といえるかもしれない。資源経済学では、経済計画や経営管理が実行可能であるという経済的に意味をなす期間の間に十分な再生が可能であるか否かで、再生可能資源であるか非再生可能資源であるかを区別する[7]。十分な再生が可能であるとは、換言すれば、単位期間あたりの（利用量と比較して）**増殖量**や増加量が十分に多いということである。このような基準に基づいて区別がなされ、再生可能資源と非再生可能資源とでそれぞれ異なる手法を用いて分析される。

例をいくつか見てみよう。まず、樹木であるが、これは通常は再生可能資源に分類される。商業用人工林などはその典型である。しかし、屋久杉のように数千年を経て成立している森林は、非再生可能資源として管理するのが適切といえる。次に地下水である。多くの地下水は、利用されても再びチャージされることから、再生可能資源（補充可能資源）とみなせるであろう。しかし、アメリカのグレートプレーンズの下にあるオガララ帯水層のような化石帯水層の地下水では、利用されるとほとんど再チャージされない[8]。このように、一部の地下水は非再生可能資源とみなして管理することが適当であろう。

3. 抽出的資源と非抽出的資源

資源の利用のされ方には2通りある。1つは、資源を抽出し、あるいは物理的に消耗するものであり、この時、その資源は**抽出的資源**（extractive resource）、その利用は**消耗的利用**（consumptive use）と呼ばれる。もうひとつは、抽出せずに、あるいは物理的改変を伴なわない形で非消耗的な利用をおこなうものであり、この場合には、それぞれ**非抽出的資源**（nonextractive resource）、**非消耗的利用**（nonconsumptive use）と呼ばれる。

例を挙げてみよう。樹木を伐採して材木に加工し、建築用資材として利用したり、魚介類を捕獲して刺身として食用に供するのは消耗的利用の例である。紅葉狩りのために山野に訪れたり、スキューバーダイビングで海中の魚を鑑賞して楽しむのは非消耗的利用の例である。これらの例からわかるように、

同一の自然資源が同時に抽出的資源かつ非抽出的資源になりうる。

表1-2は、自然資源を抽出的資源と非抽出的資源とに区別して例示したものである。その多くはプラスの効用をもたらす財・サービス（**グッズ**）であるが、中にはマイナスの効用をもたらす財・サービス（**バッズ**）も存在している。例えば、土砂崩れ、山火事のような自然災害は、家屋の損壊、林産物の消失の形で人間にマイナスの効用をもたらす一方で、自然攪乱として作用してその地

表1-2　自然資源の分類

自然資源	自然資源からの産物	
	抽出的	非抽出的
鉱物	非燃料（ボーキサイト） 燃料（石炭）	地質学的作用（風化）
森林	林産物（材木）	レクリエーション（バックパッキング） 生態系保護（洪水調節、二酸化炭素隔離）
土地	肥沃さ	空間、風景価値
植物	食物および植物繊維（農産物、野生食用作物）、生物多様性からの産物（薬草）	
陸上動物	食物および動物繊維（家畜、狩猟獣）、生物多様性からの産物（遺伝的変異性）	レクリエーション（バード・ウオッチング、エコ・ツーリズム）
魚類	食物（海産魚、淡水魚）	レクリエーション（趣味の釣り、ホエールウオッチング）
水	生活用水および都市用水、灌漑	レクリエーション（ボート遊び）
気象	エネルギー源（地熱）	エネルギー源（太陽光）、地球の放射バランス、電波スペクトル、自然災害

出典：Field（2001）p.29のTable 2-1

域の生物多様性（種の多様性）の向上に寄与し、結果的に人間にもプラスの効用をもたらすかもしれない。その意味で、自然災害はグッズとバッズの両側面を兼ね備えているといえる。

　従来の利用は、消耗的利用に偏重しがちであったといえる。本書が対象とする生物資源を取り上げてみると、野生動物は太古の昔から、獣肉や毛皮、牙、角などを目的として狩猟されてきた。わが国において特に好まれたのはシカ[9]とイノシシであり、貝塚などの遺跡から多く出土している（直良，1968，p.180；渡辺，2000，p.8；栗栖，2004，p.16）。幾多の変遷はあったものの、第二次世界大戦後の食糧難が解消する頃までは、日常的な食材として利用されてきた[10]。しかし、高度成長期を経た現在、ハンターは減少し、捕獲される野生動物の数も減少している。こうした消耗的消費の衰退の一方で、エコ・ツーリズムやグリーン・ツーリズムの形で自然環境を観光、観察の場とする利用が進んでいる。その一形態として、従来のバード・ウオッチングに加えて、野生動物を観察するといった非消耗的利用がなされている。こうした消耗的利用から非消耗的利用への移行は、自然資源の保全を損なう可能性を有している[11][12]。

第3節　エントロピーと経済活動[13]

1.　経済活動と熱力学の第一法則

　経済学において、**生産**とは、生活に必要とされる財・サービスを作り出すことであり、**消費**とは、作り出された財・サービスを使うことであるとされる。ここで、例としてアルミニウムの生産と呼ばれる過程を考えてみよう。アルミニウムは、ボーキサイトをアルカリ性溶液で処理して酸素とアルミニウムの結合体であるアルミナ（酸化アルミニウム）溶液を作り、それを電気分解してアルミニウムを取り出して作られる。私たちが日常的に、あるいは経済学の立場からアルミニウムの生産と呼ぶのは、この一連の過程である。ところが、上記の過程では、ボーキサイトや電気が使用されている。そのため、正確に

は、生産とは資源を他の形態に変化させる行為、すなわち消費であるといえる。経済学でいう生産は、資源（ボーキサイト）やエネルギー（電気）の消費があって、初めて成立するものである。

　いま、このことを別の角度からみてみよう。物理学の一分野である熱力学では、**エネルギー保存の法則（熱力学の第一法則）**が知られている。さらに、化学における初歩的な議論では、**質量保存の法則**が成立するとされる。ラボアジエ（Antoine Lavoisier）によるスズの酸化の実験では、スズを加熱するとスズとスズが変化した粉末とが得られ、加熱前よりも重量が増加する。しかし、密封したガラス容器の内部で加熱した場合、加熱前と加熱後で重量に変化はないという結果が得られた。ラボアジエは、スズと空気中の酸素が結合した結果、加熱後のスズと粉末の総重量の方が重たくなったとし、この実験をもって、物質は生み出されることも、なくなることもなく、総量は一定であり形態を変えるだけであると主張した。その後、エネルギーに関しても同様の結論が得られることが知られている。

　これら2つの法則の含意は、経済学においても、生産は無から何かを生み出すことでは決してないということである。生産は、家計や企業の経済活動に供するために、もととなる物質やエネルギーを消費して別の物質やエネルギーを生み出すことである。そして、その過程で形態は変化するものの、総量は一定に保たれている。

2. 消費と熱力学の第二法則

　前小節では、生産に際して物質やエネルギーが消費されるという記述の仕方をした。また、しばしば省エネルギーという言葉が用いられる。その反面で、質量とエネルギーの総量が一定に保たれるという記述もおこなった。生産における「消費や省エネ」と「総量一定」という、一見矛盾しているようにみえるこれらの記述は、**熱力学の第二法則**をみることで理解される。以下では、しばらくの間エネルギーを中心にみてゆき、物質については主として次小節で扱うことにしたい。

　熱力学の第二法則とは、エントロピーが増大するという法則である。**エン**

トロピーとは、仕事をすることができない低温の熱のことである。火力発電や蒸気機関車の存在からわかるように、もともと熱は仕事をする力を持ったエネルギーである。この力は不可逆性を持っており、例えば、暖かいコーヒーは、次第に冷えはする一方で、室温以上に勝手に温まることは決してない。そして、冷えるにしたがい、仕事をする力は減少する。コーヒーの熱がコーヒーカップの周りに拡散していくわけであるが、この**拡散能力**が冷めるにしたがって減少し、代わりにエントロピーが増大するのである。

例として、入れたてのコーヒーを考えてみよう。図1-1を見ていただきたい。まだ温かいこのコーヒーはかなり大きな拡散能力を有している。いまその値をαと表すことにしよう。しばらくすると、このコーヒーは飲むのに程よい温度に冷めてくる。それはコーヒーの熱が空中に拡散したためであり、拡散能力は以前よりも低くなっている。この時、αと拡散能力の差をエントロピーとして把握することができる。最終的には、コーヒーは冷め切ってしまい、もはや拡散能力を有していない状態になる。エントロピーだけが存在する状態である。熱力学の第二法則は、このように、拡散能力が減少し、エントロピーが増大することを述べている。

拡散能力		= ある値α	入れたてのコーヒー
拡散能力↓ + エントロピー↑		= ある値α	冷めてきたコーヒー
	エントロピー	= ある値α	冷め切ったコーヒー

図1-1　エントロピーと熱力学の第二法則

経済学でいう消費とは、熱力学でいう拡散能力を使うことである。省エネルギーとは、拡散能力を一層少なく使うことである。石油ストーブを使って室温を上げるという活動は、石油の拡散能力を利用することであり、その結果として、石油は廃熱や排ガスとして大気中に放出されてしまう。鉄鉱石から鉄を作るには、コークス（石炭を熱したもの）によって鉄鉱石を還元し、鉄と酸素を分離する。鉄の生産は、コークスが持つ拡散能力を使う活動である。質量やエネルギーは一定に保たれているが、拡散能力はひとたびこのように使われると、失われてしまう。

このように、消費とは拡散能力を減じ、エントロピーを増大させる行為であり、経済における生産は常に拡散能力を使うという形での消費を伴なっているのである。こうしてエントロピーが増大し続けた果てにあるのは、仕事をすることができない低温の熱であるエントロピーが支配する**熱死**といわれる状態である。

3. 物質代謝と生物循環

エントロピーは、**熱エントロピー**と**物エントロピー**とに区別される。熱エントロピーは、石油の事例でみたように、熱が持つ拡散能力の減少に応じて生じるものであり、物エントロピーは、鉄の生産の事例でみたように、物質（資源）が持つ拡散能力の減少に応じて生じるものである。以下では、まず、熱エントロピーが増大してやがては熱死の状態が訪れるという事態が、**物質循環**によって熱エントロピーを捨て去ることで回避されていることをみる。次に、物エントロピーは、**生物循環**によってまず熱エントロピーに転換され、後は同様の経路で処理されることをみる。

まず、物質循環によって、植物や動物から熱エントロピーが排出されることをみてみよう（図1-2）。植物では、光合成の際に熱エントロピーが生成される。光合成とは、太陽光が持つ熱の拡散能力の下で、二酸化炭素と水から炭水化物（ブドウ糖）と酸素が合成される過程である（図1-3）。この過程で生成された熱エントロピーは、植物が葉や茎から**蒸散**をおこなう際に大気中に排出される。動物では、**発汗**など体表面からの放熱、排尿によって熱エントロピーを体外に排出している。

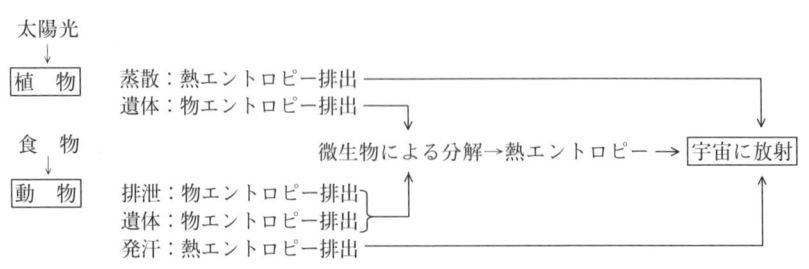

図1-2　エントロピーの発生と宇宙への放射

$$6CO_2 + 6H_2O + h\nu \rightarrow C_6H_{12}O_6 + 6O_2$$
　二酸化炭素　　　　水　　　光のエネルギー　炭水化物（ブドウ糖）　　酸素

図1-3　光合成

　蒸散や発汗によって動植物から水蒸気の形で排出された熱エントロピーは、大気中に排出されると上空に移動する。光は重力の影響を受けないことから、熱エントロピーは遠赤外線の形で宇宙に放射される。熱を失った水蒸気は雨として、再び地上に戻る。こうして地球では、太陽光が持つ熱の拡散能力が生命活動に利用され、その過程で発生した熱エントロピーは宇宙に捨てることで、地球もそこに住む生命も熱死に至ることなく維持されている。

　次に、物エントロピーと生物循環についてみてみる（図1-2）。熱と同様に、物も拡散能力を有しており、拡散能力の低下とともに物エントロピーが生成される。例えば、動物の場合、食物を摂取し食物の拡散能力を使う過程で、物エントロピーが体内で発生する。発生した物エントロピーは動物であれば排泄物の形で排出される。植物であれば、落葉という形が採られることがある。また、動物、植物とも、死亡すると遺体となり、一部は他の動植物を経て、一部は直接微生物のもとに供された後、微生物が水を用いて分解し、無機質にする。この分解の過程で物エントロピーは熱エントロピーに変化する。

　以上の事実から、いくつかの含意を導き出すことができるであろう。第1に、物エントロピーが蓄積されないのは生物循環があるためであり、これを維持するには、地域に適した生態系を維持する必要があることである。生物多様性が豊かであればあるほど、生物循環が成立する可能性が高まる。経済活動における消費は、拡散能力を使うことであった。このため、生態系の保全、生物多様性の保全を経済学の立場からも考えなければならないといえる。

　第2に、物エントロピーを生態系において除去できるという点に、他の自然資源にはない生物資源の強みがあるということである。加えて生物資源は、利用方法を誤らなければ、持続的に利用可能である。こうしたことが、本書において、再生可能資源をなす生物資源に着目する大きな理由である。

　第3に、生物循環がなされない廃物、あるいは生物が分解できない廃物は極力出すべきではないということである。あるいは、他の生物が利用できても、

処理能力を超えて大量に出すべきではない。そもそも資源とは、ジンマーマンが指摘するように re-source、すなわち、繰返し源泉となるものなのである[14]。今日の環境問題は、経済活動において、こうした循環を断ち切るほどの量の自然資源を利用したり、量や内容の排出物を出したことが主因であるといえよう。

第4節　資源の利用

1.　保存・保護・保全

　わが国において、**保存**（preservation）、**保護**（protection）、**保全**（conservation）は、明確に区別して用いられておらず、保護という言葉に preservation や conservation の意味が含まれて用いられることが多い。しかし、これらは異なる概念である。初めにこれらを、既存文献を基に整理してみよう。

　まず、「保存」であるが、畠山（2006, p.4）は、「生物の種や原生自然を損傷や破壊の危険から保護すること…むしろ人の管理を排除するもの」としている。大沢（1996, p.141）は[15]、「囲い込んで手を加えないことそのものに主眼がある。人間の意図的な手をまったく加えない自然をベースラインとして保護することが主たる目的である」としている。鬼頭（1996, p.40）は、「〈…からの保護〉を意味している。生物の特定の種や原生自然を損傷や破壊から、人間のためというよりも、むしろ人間の活動を規制しても保護しようという考え方である」としている。竹林（1995, pp.32-33）は、「物や場の現状維持（持続）を最重点に置くもので、これを変えようとする人為的および自然的営力を排除しようとする概念である」としている。目瀬（1990, p.162）は、「『学術的ならびに生活の必要上の目的から、将来のために一定の形態、形質ないしは量を、そのままのこしておくこと（環境科学辞典、1985）』である。これは、対象の凍結的保存を意味する。しかし、植生の遷移のように、自然環境は常に動的均衡を維持するように変化している。したがって「保存」とは、特異な地形・地質のような変化をおこしにくいものの、天然記念物のように可及的にそのままの状態で維持すべきもの、などを守る行為に用いられるべき用語であ

る。」としている。最後に、糸賀（1978, p.115）は、「生態学的にバランスを保った生物群全体または学術上、景観上貴重な地形・地物等を、その環境の中で、全く手を触れずに残しておく」こととしている。

　すなわち保存は、主として安定した状態にある自然それ自体が現状のままで維持されることが目的とされており、人為の影響は極力排除しようとするものである。その前提にある自然は、通常は人為の影響が及んでいない原生自然であり、こうした原生自然が本源的価値を持っていることが保護をする根拠とされることが多い（加藤、2005, p.36）。

　次に、「保護」については、竹林（1995, p.33）は、「物や場の全体の生態系の保護を重点に置くもので、これに加わる一切の人為的営力を排除しようとする概念である。…ガラパゴス島をそのまま放置し、動的な生態系の変化プロセスを保護するのが Protection の例である」としている。目瀬（1990, p.162）は「『外的干渉・危険（たとえば人為による破壊）から防護すること（環境科学辞典、1985）』を意味する。ここでは、自然環境を人為などの外圧から防護することに主眼がある。植生遷移のような生態系の自律的な変化は望ましいといえる。しかし、もともと人為的干渉のもとで維持されてきた生態系を保護するには、適度な人為の干渉を持続させることも必要である」としている。糸賀（1978, p.115）は、「生物学的均衡を破り、その生存をおびやかすような外部からのもろもろの危機を防ぐ」こととしている。

　このように、保護は保存と類似した概念である。両者の違いは、保存が主として原生自然を念頭においているのに対して、保護はそうした限定がないこと、また、保存は原生自然を前提とすることから安定した状態にあると考えられるのに対し、保護は安定状態に加えて自然自体の動的な変動（自然遷移など）を許容するということに求められるであろう。人為の排除という点は、両者に共通している。

　最後に「保全」であるが、そもそもこの言葉は、阿部（1979, p.57）によると、「conservation という英語の由来は、インドに植民地を持っていた英国が、人間をも含めた資源を最も有効に利用するために、その監督官に conservator という称号を与えたことに始まる」という。畠山（2006, p.4）

は、「将来の消費・利用にそなえて、節約すること…人の恒常的な管理を前提とする」としている。大沢（1996, p.141）は、「ある目的のために自然、あるいは再生可能資源が持続しうるように保つこと」としている。鬼頭（1996, p.40）は、「保護や節約を意味している。〈…にそなえた節約〉というように、最終的には人間の将来の消費のために天然資源を保護する」こととしている。竹林（1995, p.32）は、「将来世代のニーズ願望を満たす潜在的能力を維持するため生態的容量（ecological capacity）の範囲内における現代の世代に最大の持続的な便益をもたらすような人間の生物圏の利用と管理の概念である」としている。目瀬（1990, pp.162-163）と糸賀（1978, p.115）は、ともに吉良竜夫を引用しつつ解説する。目瀬によれば、「保存、保護がどちらも自然を『守る』ことに主眼をおいた概念であるのに対し、保全 conservation はより積極的に自然環境を活用しようという側面をもつ。吉良（1971）は『保全とは、自然の系の弾力的平衡の範囲内で、そこから最大の利益（収穫）がえられるように、系をコントロールすること』と定義した。すなわち『保全』は、自然環境のポテンシャルが許容する範囲内で、人間が積極的に自然に関与し、主体－環境系としての人間と自然環境の動的共存を図る行為といえる」のである。さらに、畠山（2006）は、アメリカ農務省森林保護局の初代長官であったピンショー（G. Pinchot）の保全に係わる有名な発言として「われわれの森林政策の目標は、それが美しいから、あるいは原生という野生の創造物の棲みかであるからという理由で森林を保存することにあるのではなく、裕福なわが家（home）をつくることにある。他のすべての考慮は二次的である」（同, p.3）という言葉を紹介している。

　以上から、保全とは、人間のために持続的に自然資源を利用することであり、その際に、将来世代への配慮と合理的な利用が求められる。その詳しい内容については、次小節で述べる。

　これらをもとに、保護、保存、保全を**自然の営為**と**人為**とをどのように認めるかに基づいて区別すると表1-3のようになる。ここで、自然の営為とは、草原から森林に向かう遷移およびそれに逆行する力としての**自然の攪乱**を含む、自然のダイナミクスを意味している。また、人為とは、捕獲・採集活動や、開

表1-3 個々の生物に着目した場合の保存・保護・保全とその位置づけ

	自然の営為	人為	経時的変化
保存	×	×	×
保護	○	×	○
保全	○	○	○

発行為などの形での**人為的攪乱**を主体とした人間活動を意味している。

　ある生物資源の管理において、保存、保護、保全のどれを採用するかは、その資源が置かれている状況や、社会的な合意に基づいて決定されるべきものである。現状では、個別種や個々の個体群のみに着目して、これらの選択がなされているように思われる。今後は、景観や生態系といった全体的な視野から合理性、持続可能性を考え、そこから個々の種や個体群について、保存、保護、保全を選択することが重要であり、また、社会においてそうした認識をさらに深める必要がある。さらにいうならば、わが国にみられてきたように、保護に偏倚した管理は、時として失敗に帰するのであり、その一例としてシカ問題をあげることができるであろう[16]。

2. 持続的利用と保全

　持続的利用がなされていることは、それ自体望ましいことである。しかし、生物資源の保全を考えた時に、持続的利用がなされているだけでは十分とはいえない。このことを理解するために、まず、持続的利用には、さまざまな状態が存在することをみてみよう。

　いま、ある大きな池に野生のコイが生息しているとする。このコイを管理する時、目標個体数としてさまざまな個体数水準を考えることができる。例えば、それ以上減少すると絶滅が危惧される個体数[17]を採択するという極端な場合を考えてみる。こうした場合であっても、毎年その個体数が維持されるならば、持続的利用と呼ぶことができる。もちろん、何がしかの理由でひとたび例年よりも死亡数が増えたり、出生数が減れば、このコイは絶滅するかもしれない。そのため、そうした個体数で維持することは、合理的とは言い難い[18]。

すなわち、保全と呼びうる状態ではない。

反対に、ほとんど漁獲をしない状況を考えてみる。この場合には、絶滅の危惧はほとんどないかもしれないが、経済的収益もほとんどない。これは、絶滅の危惧をさほど高めずに経済的収益を改善しうる状態であり、これも合理的な利用とは言い難い。こうした極端なケースを含め、合理的とは言えないが、持続可能というケースは数多く存在しうるのである。

以上から、ここでは保全を次のように述べておく。資源経済学の立場からは、狭義には、経済的収益が最大となるような個体群水準で維持することが、保全である。ただし、その際に、絶滅が回避されるのに十分な個体数を維持するという制約が満たされている必要がある[19]。もっとも現実に保全という場合、こうした狭義の意味で述べられることはほとんどなく、一定程度の個体数が維持されて経済的な収益がある程度得られている状態を指しているといえよう。

保全とは持続的な資源利用をいうが、持続的な資源利用であれば保全であるとは必ずしもいえない。このように保全とは、持続的利用水準のうちの特定の水準もしくは一定の幅を持つ水準の集まりをいう。そこから乖離した場合、個体数が保全された水準と比較して一層低い水準の時は過剰利用、個体数が一層高い水準の時は過少利用が生じているという。

3. 過少利用と過剰利用

経済学における資源問題とは、稀少性があるものを使い過ぎる過剰利用問題と、必要性がなくなって当該資源を利用しなくなり、放置することが問題をもたらす過少利用問題とに大別できるであろう。前小節で述べた通り、過剰利用や過少利用は合理的利用からの乖離である。

従来は、このうち過剰利用のみに注目が集まってきた。この問題は、現在でも依然として多くの自然資源に当てはまる問題である。それに加えて、近年では、過少利用が重大な問題となりつつあり、環境省による『生物多様性国家戦略』(1995, 2002, 2007年)では、生物多様性保全上の第2の危機として、次のように述べている[20]。

第2の危機は、逆に自然に対する人為の働きかけが縮小撤退することによる影響です。特に人口減少や生活・生産様式の変化が著しい中山間地域において顕著に生じており、今後この傾向は更に強まるものと考えられます。

…（中略）…

人口が減少している中山間地を中心に、シカ、サル、イノシシなど一部の大型・中型哺乳類の個体数あるいは分布域が著しく増加、拡大しています。その結果、深刻な農林業被害が発生し、厳しい条件下で営まれてきた農林業に大きな打撃を与えています。また、シカの増加の影響に見られるように、一部の地域では農林業被害のみならず、湿原植物や森林の林床植物への被害など生態系全体への影響が顕著に現れてきています。

(環境省，2002c，pp.6-7)

過少利用問題の深刻化は、わが国における従来からの保護重視という風潮に大きな変化をもたらしうるものであるし、変化をもたらすべきでもある。わが国では、明治期や大正期、あるいは戦後の食料難の時期などに、野生動物の生息数が大幅に減少したという経緯があり、保護はこのような過剰利用の抑制や、過剰利用によって個体数が減少した生物を回復するという局面においては有効に機能したといえよう。しかしながら、個体数の増加が問題となっている今日では、そうした野生動物を保護することは、合理的な決定とは言い難いのである。

注
1) 例えば、生態系については、湿地を保全することによって地域の気候が安定したり（湿地の気候安定機能の発揮と維持など）、森林を保全することによって暴風雨の被害が緩和される（水涵養機能による土砂流の緩和、防風林として機能することによる暴風の緩和など）ことを例として挙げることができる。生物多様性は、消耗的利用がなされる特殊なタイプの資源である。薬用植物とか植物の特性（ある遺伝子を持つことで、倒れにくくなるなど）をもたらす源泉であり、こうした薬用植物や植物の特性はそれ自体を取り出して消費的に利用されるものである。（以上は、Field, 2001を参照した）。
2) ジンマーマン（1954）p.40の記述を参考にした。
3) 以下の記述は、ジンマーマン（1954）pp.43-45、pp.540-542に加えて北畠（1993）を参照した。

4) 科学技術庁（1961）は、潜在資源が顕在資源になる条件として、(1) 人びとが認知する、(2) 利用するに足る質や量がある、(3) 利用の方法が分かることを挙げている。
5) 最近では自然資源という表現の方が多く見られることから、以下では自然資源という表記を用いる。
6) 土地集約度とは、当該産業部門において本源的生産要素である土地が占める割合のこと。
7) コンラッド（1999）p.1 に基づいた。
8) ブラウン（2002）p.58 などを参照した。
9) 但し、旧石器時代に生息していたシカは、現在のニホンジカよりもやや大型のムカシニホンジカである（直良，1968, p.19）。
10) 獣肉の利用の変遷については、例えば長崎（1994）に詳しい。
11) 詳しくは、Kawata（2007）を参照のこと。
12) この他に、直接的に利用されるか間接的に利用されるかという観点から、資源を分類することが可能である（以下、能勢ほか（1988）p.4 に基づく）。例えば、漁獲対象となっているマグロは、イワシなどの小型魚類をエサにしており、こうした小型魚類はさらに小型の魚類やプランクトンをエサにしている。漁獲対象となるマグロやイワシは**直接的に利用される資源**であり、これらを存在たらしめている非漁獲対象の小型魚類やプランクトンは、私たちの生活を間接的に支えるという意味で**間接的**に利用される資源といえる。
13) 本節は、本文、図とも槌田（1982）、中村（1995）、宿谷（1999）に大きく依拠している。
14) ジンマーマン（1954）p.35 による。
15) 大沢（1996）では、preservation の訳語として保護をあてている。
16) シカによる植生の改変は、全国的に問題となっている。例えば、湯本・松田編（2006）を参照せよ。
17) 最小存続可能個体数（minimum viable population）を念頭に置いている。
18) 通常、経済的観点から合理的な利用が検討されるときに考慮されるのは、市場における価値である。この価値のみを判断に用いれば、絶滅が最適になるかもしれないが、市場で顕在化していない価値を含めると、絶滅が最適とはならないかもしれない。ここでは、市場で顕在化していない価値が十分に高く、それを考慮して判断をおこなうという前提で議論している。
19) 換言すれば、市場で顕在化していない価値が十分に高いという前提の下で、その価値を保全水準を導出するモデルに含めるか否かは問わないとしても、少なくとも判断では考慮しなさいということである。
20) ここでは、2002年の新生物多様性国家戦略を引用した。2007年11月に第三次生物多様性国家戦略が閣議決定されている。

第2章

資源・環境経済学と資源・環境問題

第1節　資源・環境経済学

1．環境経済学と外部性

　生物資源の経済学は、環境経済学の1分野と位置づけることができる。環境経済学と呼ばれる学問分野が登場したのは1960年代、学問分野として確立し、体系的な書物が現れ始めたのは70年代[1]、研究成果が政策に影響を及ぼし始めたのは90年代といわれている[2]。

　ミクロ経済学などの工業社会を念頭においた経済学分野では、**市場の失敗**を例外として扱う傾向にあるのに対し[3]、環境経済学では、市場の失敗が存在することが、この学問分野のそもそもの出発点にあるといってよい。生物資源の経済学においても、諸々の外部性の存在を指摘し、内部化方策を提示することに、大きな関心がもたれている。

　市場において経済財は、その財の売り手がその財を生産するのに最低限必要とする金額としての限界費用（あるいは**限界受入補償額**）と、その財の買い手がその財を購入するために最大限支払ってもよいとする金額としての**限界支払意思額**とが一致する点で均衡し、均衡価格と均衡需給量が決定される。この水準は、パレートの意味で最適であり（**厚生経済学の第一定理**）、このことを持って、市場に任せておけば効率的な資源配分が達成されるといわれる。あるいは、アダム・スミスの「神の見えざる手」が機能しているとされる。

　しかし、こうした市場信奉が裏切られることがあり、それが市場の失敗である。環境経済学では、その中でも**技術的外部性**に関心がある。技術的外部性と

は、**家計**や**企業**という**経済主体**が、市場を経ない形で他の経済主体に直接影響を及ぼすことであり、詳細については次章で見る。いま、資源経済学との係わりで事例を示すならば、第1に、ある自然資源の利用に際して、経済主体Aが負担すべき費用を負担していないがために、経済主体Bが不利益を被ることが挙げられる。この場合には、**負の外部性**が発生しているのであり、経済主体Aによる資源利用は過剰になる。第2に、ある自然資源が有する経済的価値（の一部）が市場で評価されていないために、その資源を提供している経済主体Cが十分な対価を得られないという状況を挙げることができる。この場合には、**正の外部性**が発生しているのであり、経済主体Cによる資源の提供は過少になる。

このうち後者では、その自然資源が有する経済的価値の一部が市場で評価されていない状態となっている。このため、外部性を**内部化**し、稀少な資源の効率的な配分を達成するためには、市場に反映されていない経済的価値を評価し、内部化のための情報として提供する必要がある。これをおこなうのが**環境評価**と呼ばれる環境経済学の一分野である。環境評価は、生物資源の経済学においても重要である。例えば、アフリカゾウの保全を考える時、市場で評価されない存在価値を考慮しないかするかで、アフリカゾウの絶滅と絶滅回避のいずれが適切かについて結論が逆転するという結果が得られている（Alexander, 2000）[4]。

環境経済学が従来の経済学と異なるもう1つの点は、経済はそれだけで自立しているのでは決してなく、自然との間で原材料や廃物として物質や熱を交換することによってはじめて成立しているという認識を明確に有していることである。いま、何がしかの境界で区切られた世界の内部を意味するものとして、**系（システム）**という概念を援用しよう[5]。すると、経済を1つの系、経済系を包含する地球（環境）をより大きな系と捉えることが可能である。従来の経済学では、経済が地球に包含された系であるという認識に欠けてきた。現実には、経済系は地球との間で物と熱のやり取りをすることで成立する**開放系**である。また、すでに述べたように、地球は宇宙との間でほぼ熱のみ（ごく一部の物も可能）をやり取りすることができることから、ほぼ**閉鎖系**といえる。

2. 生物資源の経済学の位置づけ

環境は、自然資源や生態系サービスを提供することで、私たちの経済活動を可能にし、ひいては私たちが生活し、生存していくことを可能にしている。大別すれば、環境は供給源（ソース）、吸収源（シンク）、アメニティを提供する機能を有している[6]。**供給源の機能**は、すでにみたように、私たちが生存し、経済活動をおこなうのに必要な財やサービスを提供する機能である。供給源は再生可能資源と非再生可能資源に大別される。**吸収源の機能**は、私たちが生活し経済活動をおこなった結果排出された廃物の受け皿としての機能である。廃物は、環境中の生物が分解可能な厨芥、紙くず、生分解プラスチックのようなものと、環境中の生物が分解不可能な（あるいは、分解のスピードが遅い）放射性物質などに大別できる。**アメニティの提供機能**は、私たちが生活し、生存する場所の快適さを提供する機能である。時として、アメニティは人為的に損なわれてきた。その一例が三面張の河川や用水路であり、以前から、近自然工法などを用いてかつての自然な河川を取り戻そうという試みがなされている。豪雨による土砂崩れのように、自然発生的に既存のアメニティが損壊を受けることもある。こうして損なわれたアメニティは、**回復可能**なケースと、**回復不可能**なケースが存在する。

環境経済学といわれる学問分野は、いくつかの観点から区分可能である。大きくは、主として汚染問題（吸収源の過剰利用・不適切利用）を扱うか、資源問題（供給源の過剰利用・過少利用）を扱うかという区別である。前者は、主として環境経済学が、後者は、主として**資源経済学**が扱うと整理してよいであろう（図2-1）。ただし、資源経済学の手法を用いて汚染問題を考えることもある[7]。環境経済学という場合、通常は資源経済学を含めているが、資源経済学と並列的に用いられることもある。

生物資源の経済学という場合、これは通常は供給源を扱うことから、資源経済学に含まれるといえる。資源経済学の諸類型は次小節で扱うが、それらは再生可能資源と非再生可能資源のいずれを対象にするかという観点で大別可能であり、類似しているものの、それぞれ異なる体系の分析方法が用いられる。生物資源の経済学は、再生可能資源で用いられる手法を援用する。

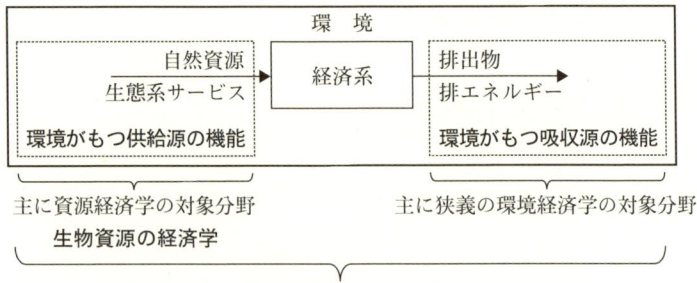

注：Field（2001）のFig. 2-1を基に作成
図2-1　生物資源の経済学の位置づけ

　最後に、環境経済学と資源経済学、特に生物資源の経済学との対比で、両者の間の相違点や特徴を指摘しておきたい。第1は、供給源と吸収源のいずれに重きを置くかであり、上述の通り生物資源の経済学は前者に、環境経済学は後者に重きを置く。第2は、分析対象とする外部性についてである。生物資源の経済学は資源の採取に関わる部分を扱う。資源の所有者が決まっておらず、誰もが自由に利用できる状況を**オープン・アクセス**といい、これに起因してさまざまな外部性が発生する。生物資源の経済学は、こうした外部性について大きく取り上げている。第3は、分析における時間の取り扱いの相違である。環境経済学では、静学的な分析が用いられることが多い。生物資源の経済学では、ある時点での資源の利用量が将来に影響を及ぼすため、動学的な分析が用いられるのが一般的となっている。なお、以上の区別は、このような傾向が見られるということであり、絶対的なものではない。

3. 生物資源の経済学の諸類型

　フィールド（2002）は、資源経済学を、鉱物資源経済学、林業経済学、漁業経済学[8]、土地経済学、エネルギー経済学、水資源経済学、農業経済学に区別している。これらはいずれも、土地集約度が高い分野である。このうち、**林業経済学**と**漁業経済学**は、生物資源の経済学を構成する学問分野といえる。加えて、近年では、漁業経済学の手法を陸上野生動物に応用する研究が増えてお

り、これも生物資源の経済学の重要な一分野といえる。

　漁業経済学の嚆矢となった研究としてしばしば取り上げられるのは、ゴードン（H. Scott Gordon）の 1954 年の論文と、スコット（Anthony D. Scott）の 1955 年の論文であり、ともに著名な学術雑誌である *Journal of Political Economy* に掲載された。Gordon（1954）は、オープン・アクセスが可能な漁業資源では、経済学的な意味での乱獲が発生することを指摘し、漁獲による純収益（漁獲総収入―漁獲総費用）が最大になるように、漁業資源の量と漁獲量を達成すべきことを論じた。この漁獲量は**最大経済生産**（MEY, Maximum Economic Yield）と呼ばれる。

　しかしながら、MEY は瞬間的、ないしは短期的な純収益の最大化であり、静学的な概念である。漁業資源は一定の間隔をもって自律更新する資源であり、資源量は動的に変動する。海洋環境が一定であるとすると、ある年に漁獲を控えれば、翌年の資源量は一層増加することになる。このため、漁獲を控えるという行為は、将来に対する実物投資とみなすことが可能であり、こうした資源の最適な利用を考察するためには、動学的な視点が不可欠である。Scott（1955）は、**ユーザー・コスト**（user cost）[9]の概念を持ち出して、「捕獲総収入―捕獲総費用―ユーザー・コスト」を最大にするような生物資源の量と捕獲量を達成すべきことを論じた。

　このような、動学的な視点の必要性は、実はゴードンも認めている[10]。必要性の認識はあったものの、当時この分野で使われていた数学（変分法）では十分な分析は困難であった。漁業経済学の分野では、1970 年代に入り、ベルマンによる動的計画法やポントリャーキンによる最大値原理を応用して動学的研究がなされるようになり、今日に至っている[11]。その中で、もっとも重要な論文の 1 つは Clark and Munro（1975）であり、漁業経済学における動学的研究の多くは、この論文の系譜として位置づけられるものになっている[12]。

　次に、野生動物経済学（Wildlife Economics）は、かなり新しいフィールドであり、1980 年代まではほとんど論文がなく、1990 年代中頃から研究が増加しているようである。例えば 1994 年には、資源経済学の分野においては、従来は漁業資源を念頭において議論されていた絶滅問題を陸上動物に拡張した

Swanson（1994）が出されている[13]。1996年には、象牙の輸出禁止をした場合に、割引率に依存して象の最適個体数は増加も減少もする可能性があることを明らかにした Blute and van Kooten（1996）など、野生動物を扱った複数の論文が、この年に創刊された学術雑誌である *Environment and Development Economics* に掲載されている[14]。現在では、さまざまな学術誌でこの分野の論文が掲載されている。

　漁業経済学と野生動物経済学は、いくつかの点で共通した特徴を有している。第1に、分析の対象とする自然資源が無主物であることである。このため、先に捕獲した人がその資源の所有者となることから、先取競争が生じやすい。第2に、越境的（トランスバウンダリー）なことである。領海や領土、自治体の行政区域を越えて移動することから、適切な管理のためには広域的な連携をおこなう必要があるとともに、単独の主体のみでの管理では、外部性の問題が生じうる。第3に、これらの特徴から、モニタリング費用が極めて高くなる可能性があることである。広大な海域や視界の利かない山林で密漁や密猟を摘発することは容易ではなく、一定程度の抑止効果をあげるには、多額のモニタリング費用を要することになる[15]。

　次に、漁業経済学と野生動物経済学の相違点に触れておきたい。第1に、生息地（海域、土地）の機会費用を、漁業経済学ではしばしば暗黙に無視してきたのに対して、野生動物経済学では機会費用が存在するものとして取り扱おうとする傾向を挙げることができる（Blute and Horan, 2003）。その資源を保護、保全するために一定の生息地を確保する場合、この生息域を他の用途に利用すれば得られるであろう最大の利益を機会費用とみなすのであるが、水域の場合には、そうした他の用途はほぼ存在せず、機会費用はゼロとみなされてきた。

　第2に、経済的分析の対象となる漁業資源のほとんどは、人間にとってプラスの価値のみを有するとみなせるのに対し、野生動物は、しばしばプラスの価値（益獣としての側面）だけでなくマイナスの価値（害獣としての側面）を有することが挙げられる。これと関連して、漁業資源では、現実の問題として過剰利用が取り上げられることが多いのに対して、わが国の野生動物では、過少

利用問題が深刻であり、結果として、農林業や地域の植生に対する被害が問題となることが多い。その結果、野生動物については、一方で、野生動物の生息によって農林産品が被害を受けて経済的収益が減少し、他方で、野生動物から収益が得られるというトレードオフ関係を踏まえつつ、最適な利用が考察されることになる[16]。

最後に、林業経済学についてみてみよう。何年周期で伐採するのが最も望ましいかという最適伐期を初めて定式化して考察したのは、ドイツのファウストマン（Faustmann）といわれており、1849年のことである。20世紀に入り、ボールディング（Boulding）やフィシャー（Fisher）のルールが示され、1960年代には、いずれのルールが適切なのかが論争となった[17]。1974年に、ファウストマンのルールが適切であるという結論をサミュエルソンが下し[18]、この論争に終止符が打たれた。今日、初学的なテキストで林業経済学が扱われるときには、ファウストマンのルールが最初に紹介されるのが通例になっている。

第2節 資源・環境問題

1. 稀少性と必要性

ある自然資源が経済学の関心事項となり、扱われるためには、まず、**稀少性**を有している必要がある[19]。稀少性がなければ、必要なところに配分してしまえばよい。次に、**必要性**を有している必要がある。人びとが必要としないならば、取引は発生せず、経済学の考察の対象にならないであろう。例えば、かつてはさまざまな野生動物の頭蓋骨などを黒焼きにして薬として用いていた。その一部は、金銭取引の対象となっていたであろう[20]。しかし、現在ではこうした民間薬に対する必要性は大幅に減少し、ほとんど用いられなくなっている。

稀少性と必要性は、すでに指摘したように、過剰利用や過少利用問題とかかわっている。稀少性があるものを使い過ぎることが過剰利用問題であり、必要性がなくなり当該資源を放置することが過少利用問題の一因である（図2-2）。

必要性なし　　　　　　　：使用されない、認知されない
　　　　　　　　　　　　※必要性がなくなると過少利用問題が発生しうる
必要性あり ┌ 稀少性なし：無尽蔵に存在する自由財と認識され、無料
　　　　　 └ 稀少性あり：経済財として経済学の対象になる
　　　　　　　　　　　　※使いすぎると過剰利用問題が発生する

図2-2　稀少性と必要性

2. 自由財と自由処分の仮定

　稀少性と必要性がある財は**経済財**として、経済学の対象となる（図2-2）。これが通常のケースである。しかし、中には必要性はあるが、稀少性がない財や・サービスが存在する。稀少性がないとは、換言すれば、供給が需要を上回っている状態である。このため、価格が正の範囲では供給曲線と需要曲線とが交差せず、欲しい人は無料で欲しいだけ利用することができる。こうした特徴を有する供給源とかかわる財のことを、経済財に対して**自由財**と呼ぶ。例えば、空気は生存に不可欠で必要性を有しているが、全生物の必要とする量を十分に凌駕しており、呼吸をするために対価を支払う必要はない。

　私たちは、経済活動や日常生活で、しばしば処理費用を支払うことなく排出物を出している。かつては、工場では排水や排ガスを処理することなく排出できていたし、現在においても、民間部門で発生する排水や排ガスには課金されないことがしばしばある。このように、浄化作用のような吸収源の機能を無料で利用できる状態が想定されることがあり、これは**自由処分の仮定**と呼ばれる。

　自由財や自由処分の仮定の背景には、当該自然資源や生態系サービスが有する供給源や吸収源の機能が十分多く存在するという現実や認識がある。しかし、一見無尽蔵にみえるこうした資源は当然ながら有限であり、さまざまな理由によって需要曲線と供給曲線が交差する状況に至りうる。例えば、ヨーロッパでは農業に起因する地下水汚染が大きな原因となって飲み水が不足し、飲用水はペットボトルで供給されるものを用いている国が存在する[21]。かつては無料であった水が有価物となり市場取引の対象となっているのである。大気も同様である。二酸化炭素をはじめとする温暖化ガスの排出にさほどの留意も払われなかった時代がかつてあったが、現在では排出権市場が創設されるに至っている。

資源問題や環境問題がでてきた背景の1つとして、資源や生態系サービスが無尽蔵に存在する、環境の浄化機能が無限に力を発揮するという幻想や都合のよい判断をおこない、自由財や自由処分の仮定を想定して、社会の状態が変化しても認識を変えずにいたことを指摘できるであろう。加えて、こうした供給源や吸収源の機能は誰もが利用できるオープン・アクセス可能な資源であるケースが少なくない。とりわけ生物資源の経済学では、オープン・アクセスが可能であることが、問題が生じる原因として重要なことが多い。

供給源や吸収源の機能が無尽蔵であるという認識に初めて大きな警鐘を鳴らしたのは、経済学者のボールディングである。彼は、1966年にワシントンで開催されたフォーラムにおいて[22]、従来の資源利用のあり方を、無限の平原に立ち、向こう見ずで搾取的、空想的、暴力的な振る舞いの象徴ともいえるカウボーイになぞらえて「**カウボーイ経済**（cowboy economy）」と呼んでいる。他方で、これからは、地球は単一の宇宙船であり、供給源、吸収源のいずれに関しても無限に利用できるものは何もないという意味で「**宇宙船地球号**（spaceman economy）」であると、認識を改める必要があることを述べている（Boulding, 1966）。

3. 資源・環境問題

現在、環境問題は日常的な関心事の1つであるといってよいであろう。これは、ここ5～10年に見られる動向と思われる。それ以前には、国際的に環境問題が大きく取り上げられた時期が二度あり、**環境問題の2つの波**といわれることがある[23]。1つ目は、1972年にストックホルムで開催された**国連人間環境会議**である。当時は、世界的に公害が問題となっていた時期であり、スウェーデン政府がこの会議を開催することを提案し、実現した。2つ目は、1992年にリオデジャネイロで開催された**国連環境開発会議**である。この時期には、環境問題はもはや局地的な問題に留まらず、国境や地域の境を越えて地球環境問題と総称される規模のものとなっていた。

これに対し1980年代は、環境問題に対する意識や取り組みは下火であった。その背景として、1つには、レーガノミクスやサッチャーイズム、中曽根

イズムの下で小さな政府を標榜する**新保守主義**が風靡していた時代であることを指摘できる。環境問題のように、政府等の当局による介入が重要となる問題は、小さな政府の下では、解決に向けた進展は十分には望めなかった[24]。

ところで1972年は、ローマクラブという民間団体による『**成長の限界**』が世に問われ、資源・環境問題に対する世界的な関心を高める契機となった年でもある。同書では、システム・ダイナミクスという手法を用いて、過去の趨勢から将来が予測され、このままでは近い将来に経済成長も、人口の増加も頓挫してしまうことが指摘された。翌1973年にオイルショックが起こったという時代背景の下で、同書は13ヵ国語に翻訳され、900万部が売れたという[25]。さらには、その後のデータを加えて再び予測がおこなわれ、事態が一層悪化していることが1992年に発表された『**限界を超えて**』の中で指摘された。

現在では、成長の限界に描かれた悲観的な将来像の予測は外れたというのが一般的な評価となっているようである[26]。しかしながら、予測が外れたといって安心することはできない。『成長の限界』の出版から30年目にあたる2004年に、さらなる改訂版ともいえる『**成長の限界 人類の選択**』が発表された。そこでは、カナダのワクナゲルという学者が1990年代に提唱した**エコロジカル・フットプリント**（次節を参照のこと）という概念が全面的に採用され、地球の現状が考察されている。端的にいえば、私たちは自然資源という名の資本を利用しているのであるが、1980年代後半以降は利子（例えば、毎年の魚の増殖量）のみでなく、元金（例えば、魚のストック）にまで手を付ける状態になっている。いわば、自然資源を喰いつぶす形で、現在の生活を維持しているのである。

化石燃料や鉱物資源などの非再生可能資源に関しては、新規発見や技術的進歩による利用可能量の増加によって、現時点では『成長の限界』が憂いだほどには差し迫った状態ではないのかもしれない。しかし、再生可能資源の一部では、すでに危機的状況が進行している。これは、非常に憂慮すべき状況である。超長期的な視野からは、いずれは使い尽くされる非再生可能資源を再生可能資源で代替できる社会を構築する必要があるためである[27]。このように、資源・環境問題に対する認識は高まっている一方で、その解決には程遠いのが現

状である。そこで次節では、資源利用の現状を、いくつかの資源利用の指標となる概念を紹介しつつみていきたい。

第3節　資源利用の現状

1. 環境容量

環境容量は、環境学等の観点から、ある場所における**汚染の限界**あるいは**自然の浄化作用の限界**を意味する場合と、生態学等の観点から、ある場所における**生物の個体密度の限界**あるいは**自然の生物収容力の限界**を意味する場合とに大別することができるであろう。本書で扱うのは後者である[28]。

環境容量は、しばしば**ロジスティック曲線**の漸近線に当たる量として紹介される[29]。詳しくは第4章で見るので、ここでは図2-3を用いて、簡単に紹介しておきたい。ロジスティック曲線は、その形状がS字型をしていることから、**シグモイド曲線**（sigmoid curve）とも呼ばれる。図2-3では、縦軸に個体数、横軸に時間がとってあり、時間の経過とともに、当初は単位時間当たりの個体数の増加は逓増するが、変曲点にあたるN_{MSY}を超えると逓減に変わり、個体数は次第に図の点線で示される水準Kに近づいていく[30]。しばしばこのKが環境容量として説明されている。

しかしながらKashiwai（1995）によると、環境容量は、もともとはロジス

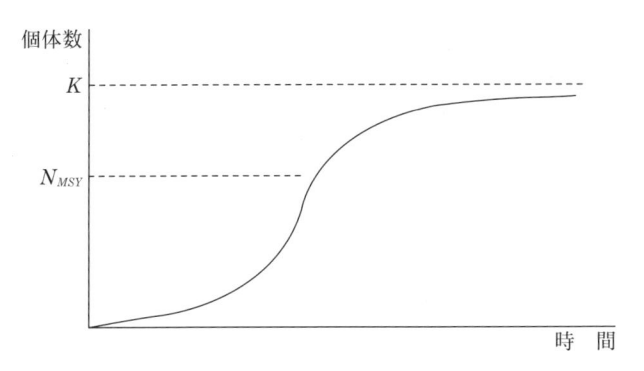

図2-3　ロジスティック曲線（シグモイド曲線）

ティック曲線とは独立に Errington（1934）によって発展させられた概念であり、上述のようにロジスティック曲線の上方の漸近線にあたる量として解釈されるようになったのは、後のことである。Errington（1934）は、コリンウズラ（bob-white）の冬季生存の研究において、生存を確保するための避難場所（cover）の観点から環境容量を考えた[31]。野生動物管理の観点から環境容量について整理した Bailey（1984）は、環境容量を経済的環境容量と生態的環境容量に大別し、Errington（1934）がいう上述の環境容量を、その中の一類型として位置づけている。

以下では、Bailey（1984）の整理に依拠し、適宜内容を引用しながら、環境容量をみてみる。ここでみる環境容量は、単一種とその生息地にかかわるものであり[32]、当該生物が一定の質を維持し、かつ生息地が持続的に維持されることが要件とされる。逆にいえば、個体数の増加にしたがって、個体が過度に痩せたり、植生が大幅に改変される場合には[33]、環境容量を超えて個体数が増加しているとみなされる。ただし、ロジスティック曲線の K を環境容量とみなす場合には、当該生物の質は不問とされ、生息地が持続的に維持されることのみが要件とされると解することができるであろう[34]。さらに、生息地の状態を不問に付し、生息地が維持可能な個体数とされることもある。

表2-1では、環境容量はBailey（1984）に基づいて**経済的環境容量**（economic

表2-1　Baileyによる環境容量の類型化

大分類	小分類	適用対象	管理水準	その他
経済的環境容量	最大収穫密度	利用下の有蹄類	N_{MSY}よりやや上	益獣に適用
	最小影響密度	(1) 管理下の捕食者 (2) 益獣と競合する価値が低い有蹄類	N_{MSY}よりやや下	害獣に適用
生態的環境容量	扶養密度	有蹄類	K	餌が限定要因
	許容密度	陸上動物	K	空間が限定要因
	安全密度	被食者	K	避難場所が限定要因

注：Bailey（1984）の第16章を基に筆者作成。

carring capacity）と**生態的環境容量**（ecological carrying capacity）に大きく分類され、さらに細分されている。経済的環境容量は、当該生物の捕獲を前提として設定されるものである。生態的環境容量は、当該生物の捕獲をしない場合、あるいは捕獲が個体群の大きさにほとんど影響を及ぼさない場合に適用される。

経済的環境容量は、**最大収穫密度**（muximum harvest density）と**最小影響密度**（minimum-impact density）に区別される。例えば、イノシシやシカのような有蹄類で、獣肉や毛皮が価値を有する益獣的側面が強い生物は、最大収穫密度で管理される。これは、ロジスティック曲線のN_{MSY}かそれよりも多い個体数であり、欧米においてしばしば管理目標とされる個体数水準である[35]。この水準で管理するメリットは、最も**持続的捕獲量**[36]が多くなること、絶滅の危惧が少ないことである。他方でデメリットは、個体群が低年齢化しがちであり、大きなトロフィー（シカの角など）を有した個体が少なくなること、比較的高密度なので採食を通じて生息地の植生にある程度の影響をもたらしうることである。

人間の経済活動に不利益を及ぼす生物の場合には、最小影響密度で管理される。これに該当するのは、例えば、経済的価値が高く捕獲の対象になっている有蹄類や家畜を捕食する大型肉食獣、あるいはそうした有蹄類と競争関係にある経済的価値が低い他の有蹄類である。この水準で管理するメリットは、捕食や競争を抑制できること、比較的低密度なので採食を通じた生息地の植生に対する影響が低くなることである。他方で、デメリットは、絶滅の危惧が高くなることである。

次に、生態的環境容量であるが、この場合には捕獲が存在しないため、個体数は生息地の資源によって限定を受けることになり、限定をもたらす要因によって、**扶養密度**（subsistence density）、**許容密度**（tolerance density）、**安全密度**（security density）に区別される。扶養密度では餌、許容密度では空間が限定要因になる。安全密度では避難場所（cover）が限定要因であり、多くの有蹄類にとってはヤブがこれに該当するであろうが、もし空間が避難場所であれば、安全密度は許容密度と区別されなくなる。生態的環境容量は、い

ずれもロジスティック曲線の K に該当する個体数である。

以上で見た環境容量のうち、以下本書で想定するのは生態的環境容量であり、モデル分析においてはロジスティック曲線の K である。他方で、上述した経済的環境容量では、捕獲活動に要する費用が考慮されておらず、かつ静学的な概念に留まっている。これらを考慮した場合には、必ずしも上述した管理方法が妥当にはならない。詳しくは、後に費用を加えて経済学的観点から再考察する

2. エコロジカル・フットプリント

前小節で扱った環境容量は、文脈に応じて、環境（生息地）が劣化せずに支えることが可能な個体数や、環境が劣化することなく処理できる汚染物質の受入量という形で適用される概念であった。これを人間にあてはめるとき、一方で人間は自然資源や生態系サービスといった形で供給源の機能を享受し、他方で経済活動や日常生活から発生した不要物を環境に排出している。すなわち、農林産物、魚介類などを自然から取り込んで利用し、排熱や排ガス、廃棄物を自然に戻すという形でインパクトを与えている。環境容量は、こうした供給源の機能と吸収源の機能のそれぞれについて、別個に適用せねばならない。さらに、供給源の中でも、個々の林産物や魚介類に対して個別に適用せねばならず、人間活動の環境容量を包括的に把握しようとする場合には、非常に不便である。

エコロジカル・フットプリント（Ecological Footprint）は、環境容量がもつこのような不便さを解消するわかりやすい概念である[37]。個々の自然資源や生態系サービスを生物生産力がある土地（biologically productive space）の面積に換算した上で、私たちが現在の生活を維持するためには、供給源と吸収源をどれだけ必要とするかを、この土地面積を用いて示すものである[38]。

1990年代に、カナダのブリティッシュ・コロンビア大学のワケナゲル（M. Wackernagel）らが提唱し、WWF の 2000 年以降の『生きている地球レポート（Living Planet Report）』（WWF, 2000, 2002, 2004, 2006）、2002年と2003年の『環境白書』（環境省, 2002a, 2003a）および『図で見る環境白書』（環境省, 2002b, 2003b）、『第3次環境基本計画』（環境省, 2006, p.189）、メドウズら（2005）の『成長の限界 人類の選択』などで、言及されたり、適用

されている[39]。

　エコロジカル・フットプリントは私たちの今の生活に必要な供給源や吸収源の機能を土地面積に換算したものであり、現実にそれだけの土地面積が存在するかは別問題である。地球にある生物生産力がある土地面積とエコロジカル・フットプリントを比較して、エコロジカル・フットプリントのほうが大きければ、私たちの生活は持続可能な範囲を超えて自然資源や生態系サービスを利用していることになり、超過分を生態的赤字と呼ぶ。このことを、具体的な数値を用いてみてみよう。

　表2-2には、WWF（2000、2002、2004、2006）を基に世界および日本のエコロジカル・フットプリントの推定値が整理されている。1996年はそれ以外の年と単位が異なるが、総じて世界全体では生態的赤字（マイナスの収支）が

表2-2　世界および日本のエコロジカル・フットプリント

	総EF	耕地	草地	林地	漁場	エネルギー地	市街地等	生態的容量	収支
世界									
1996	2.85	0.69	0.31	0.28	0.04	1.41	0.12	2.18	−0.67
1999	2.28	0.53	0.12	0.27	0.14	1.12	0.10	1.90	−0.38
2001	2.20	0.49	0.14	0.18	0.13	1.20	0.07	1.80	−0.40
2003	2.23	0.49	0.14	0.23	0.15	1.14	0.08	1.78	−0.45
日本									
1996	5.94	0.80	0.35	0.63	0.23	3.75	0.18	0.86	−5.08
1999	4.77	0.47	0.06	0.28	0.76	3.04	0.16	0.71	−4.06
2001	4.30	0.48	0.08	0.33	0.55	2.80	0.07	0.80	−3.60
2003	4.40	0.47	0.09	0.37	0.52	2.83	0.07	0.70	−3.60

注1）　単位は1996年はarea units / person、それ以外はgrobal ha / personである。grobal haは国際比較ができるように、各国の土地面積を重み付けして修正した時の土地面積の単位である。
　　2）　調査年によってカテゴリーに相違があるので、表の作成にあたり適宜合算した。
　　3）　表の数値の間に不整合が存在することがあるが、修正は施していない。
出典：WWF（2000）p.24, p.26、WWF（2002）pp.22-23, pp.26-27、WWF（2004）pp.24-25, pp.28-29、WWF（2006）pp.28-31。

増加傾向にあり、日本では減少傾向にあることがわかる。こうした生態的赤字は、Wackernagel et al.（2002）に基づくと、地球規模では1980年代には生じていたと推測される。

　生態的赤字の発生は、換言すると、自然資源や生態系サービスが毎年生み出すフローを超えた利用をしているということである。例えば、海洋の魚類は群れ（ストック）をなしている。そこからは、毎年、出生量から死亡量を引いただけ魚が増殖する（フロー）。この増殖分だけ利用するならば、この群れの大きさは経時的に変化しない。しかし、フローを超えて漁獲をするならば、それはストックを減らしていることを意味する。これは、預金した元金と利子の関係と同じである。生態的赤字とは、ストックの減少分、元金の取り崩し分に相当する[40]。

　表2-2から、2003年時点での世界の1人あたり生態的容量は1.78gha、日本人1人あたりエコロジカル・フットプリントは4.40ghaなので、世界のすべての人が日本人と同様の暮らしをするには、地球が約2.5個必要になることがわかる[41]。同様に、世界の1人あたりエコロジカル・フットプリントは2.23ghaであるから、今の世界をこのまま維持するには、地球が約1.25個必要である。次小節では、こうした資源の過剰な利用状況をみてみる。

3. 自然資源の現状

　本小節では、生物資源の経済学の中でもっとも注目する魚類と野生動物について、資源の状態を概括したい。世界の漁業資源についてレビューした文献として、FAO（2005）がある[42]。これは、モニタリングされている584ストックのうちの76%にあたる441ストックについてアセスメントされた情報をもとに、2004年時点での世界の漁業資源の現状を整理したものである。同報告のp.10によると、これらのストックのうち、すでに十分に漁獲されているストック（資源量がほぼN_{MSY}になっているもの、FAOの記号ではF）が全体の52%を占める。この水準を超えて過剰漁獲になっているストック（O）が17%、枯渇に至っているストック（D）が7%、回復傾向にあるストック（R）が1%であり、77%のストックがすでに十分に漁獲されているか過剰利用に

陥っている。他方で、ある程度漁業がなされているストック（M）は20%、十分には獲られていないストック（U）は3%である。

FAO（2005）では、1974年から2004年の間の長期的な動向も調査されている[43]。十分に漁獲されているストックFはほぼ全体の50%程度であり、1995年までは減少していたが、その後増加している。漁獲拡大の余地があるストック（U、M）は1974年には全体の40%を占めていたが、経時的にほぼ線形に減少して、2004年には24%になっている。他方で、すでに取りすぎになっているストック（O、D、R）は1970年代中頃には10%程度であったものが、2000年代初頭には25%に達し、その後はその水準でほぼ安定している。

次に、わが国の漁業資源についてみてみる。表2-3は、水産庁のTACホームページ（http://www.jfa.go.jp/）に記載のデータを基に作成したものである。このサイトでは、約43魚種85系群の資源水準と資源動向が提供されている。資源水準は高位、中位、低位に分けられており、中位は資源量がほぼN_{MSY}になっているものであり、高位は

表2-3　魚種別系群別資源評価

	H14	H16
高位	15（18.3%）	12（14.8%）
中位	30（36.6%）	30（37.0%）
低位	35（42.7%）	39（48.1%）
上昇	10（12.2%）	9（11.3%）
横ばい	43（52.4%）	44（55.0%）
下降	27（32.9%）	27（33.8%）

注：水産庁TACサイトから作成。2007年11月現在では、2004年のデータが提供されている。

この水準以上の資源量を有するもの、低位はこの水準を超えて減少し過剰漁獲になっているものである。2002年から2004年にかけて、すでに取り過ぎとなっている低位の系群は増加し、全体としても資源利用の状態が悪化していることがわかる。さらに、資源動向についてみると、資源が回復傾向にあるのは全体の1割程度にすぎず、大半の魚種は現状のままかむしろ悪化している。

以上にみたように、世界全体でもわが国のみでも、漁業資源の利用は過剰となっており、現状ではそうした状況が改善されているとは言い難い。

次に、野生動物であるが、わが国では野生動物にかかわるデータの蓄積は必ずしも多くない。そうした状況の下で、長期間における概略的変化を把握

するために、環境省生物多様性情報システム（http://www.biodic.go.jp/J-IBIS.html）では、1735～1738年頃に作成されたと考えられる「享保・元文諸国産物帳」を用いて現状との比較をおこなっている。それによれば、ニホンジカは分布にさほど変化がなく、オオカミ、カワウソ、アシカはかつては全国で見られていたが、現在では絶滅もしくは絶滅の危機に瀕しており、ニホンザル、クマ、キツネ、イノシシ、カモシカについては、地域的に絶滅した個体群があるとしている。

近年の変化については、自然環境保全法の第4条に基づいて、おおむね5年ごとに自然環境保全基礎調査が実施されており、動向を把握することが可能である。哺乳類については、1978～79年度に実施された第2回自然環境保全基礎調査（環境省，1979；財団法人日本野生生物研究センター，1980）と2000～03年度に実施された第6回自然環境保全基礎調査（環境省，2004）において、生息区画数の変化などが調査されている。それによれば、第2回の調査と比較して、第6回の調査時にはニホンジカ174%、カモシカ170%、ニホンザル152%、ツキノワグマ119%、ヒグマ113%、イノシシ129%、キツネ116%、タヌキ113%、アナグマ81%のように、大半の調査対象獣の生息区画数が増加している[44]。

こうしてみると、長期的には絶滅した種が存在するものの、近年では多くの種で個体数が増加していることがわかる。特に、近年においてはニホンジカとニホンカモシカの増加が著しく、ニホンザル、イノシシも比較的増加しているといえる。こうした状況は、先に述べた野生動物の過少利用問題と密接に関係するとともに、各地でこうした動物による農林業被害や植生被害が多発している。

例えば、北海道では、ニホンジカの亜種であるエゾシカが1980年代中頃から次第に急激な増加を始め、1996年には被害額が年間50億円を超えて最大となり、その後減少したものの、2001年頃からは年間30億円程度で推移している[45]。全国では、2003年の農作物被害総額は200億円であり、そのうち獣類が6割、鳥類が4割を占め、獣類のうちではイノシシ（50億円）、シカ（40億円、うちエゾシカが7割を占める）、サル（15億円）が被害額の9割を占めて

いる（農林水産省，2005，p.23）。

　野生鳥獣の利用状況に関するデータは、著者が知る限り、十分に存在していないため正確なことはわからないが、こうした獣類の多くは狩猟されても十分には活用されていないと考えられる。例えば、シカについては、厚生労働省（2003）の別添資料によれば、野生ジカの年間捕獲頭数は約10万頭であり200～300トンが食肉として流通している。1頭80kg、40％が精肉として利用できると仮定すると、食肉として流通しているのは10万頭のうちの1割に満たないと推測される。イノシシは、高度成長期以降に観光地を中心に人気が高まっており（Kanzaki and Otsuka, 1995）、シカよりも活用されていると考えられる。

　このように、全般的に見てわが国は、漁業資源は過剰利用、野生動物は過少利用が問題という現実に直面している[46]。

注

1) 例えば、Kneese *et al.*（1970）、Barkley and Seckler（1972）、Edel（1973）などがあり、わが国のものとしては都留（1972）がある。
2) 以上は、ターナー他（2001）p.i、植田他（1991）p.10、コルスタッド（2001）pp.1-2 に基づいた。
3) 言を俟たないことであるが、ミクロ経済学などにおいて市場の失敗がない状態を前提とするのは、それが現実を反映していると考えられるからではなく、あくまでアプローチ上の設定である（同様の指摘は、例えば、江川（2001）p.10）
4) 詳しくは、Alexander（2000）、河田（2007）などを参照のこと。
5) 系とは system の訳語であり、エネルギーと物質が系の外部と交換できるかに基づいて、孤立系（エネルギー、物質とも交換不可能）、閉鎖系（エネルギーのみ交換可能）、開放系（エネルギー、物質とも交換可能）に区別される（宿谷，1999，p.45）。
6) 以下の分類とその内容は、ターナー他（2001）p.9、20、柴田（2002）p.3 などを参照した。
7) これと関連して、ハーディン（1968）は、コモンズの悲劇が food basket のみならず、cesspool にも生じることを指摘している。
8) 邦訳書では、森林経済学、水産経済学と訳されているが、本書では林業経済学、漁業経済学の訳語を用いる。
9) いま漁業資源を利用すると、将来の収益が減少する。将来の収益の減少額を現在価値に

割り引いた金額をユーザー・コストという。
10) Munro and Scott (1985) p.636によれば、ゴードン自身、動学的な扱いが必要であることを、1956年にFAOの出版物の中で述べている。
11) その後の重要な研究については、例えば、コンラッドの巻末にある文献リストが参考になる。
12) Munro (1992) p.170によると、Clark and Munro (1975) は、Munro (1992) の執筆時点において、創刊時から15年の間に *Journal of Environmental Economics and Management* という学術雑誌に掲載された論文の中で最も引用されているとともに、漁業経済学の分野の学術誌においてもっとも引用された論文である。
13) 河田 (2007) を参照のこと。
14) この他にも、Schulz and Skonhoft (1996)、Skonhoft and Solstad (1996) がある。
15) これに対して、森林資源の場合、所有権の所在は明らかであることが通例であるし、移動することはないため、越境にかかわる問題も発生しない。その意味では、モニタリング費用は相対的に低いといえる。森林資源のモニタリング費用や適切な管理方法については、例えば、大塚 (2008) を参照のこと。
16) 小泉 (1988) p.129によると、野生動物管理 (wildlife management) では、保護、収穫、防除の3つが主要な目的である。第2点を換言すれば、漁業資源管理では、このうち防除を考慮しなくてもよい状況が通例であるということである。
17) 赤尾 (1993) p.11を参照した。最適な輪伐期に関する論争については、同書が詳しい。
18) その詳細は、Samuelson (1976) としてまとめられている。
19) 以下は、西村 (1989) p.7を参照した。
20) 例えば、千葉 (1995) p.89によれば、「東日本一帯でサルの頭の黒焼が、脳病・神経病の薬と考えられて高価に売れた」ようである。
21) もっとも、私たちが容易に利用できる水はもともと限られており、地球上の水の0.01%未満といわれている（地球・人間環境フォーラム、2005、p.160；大賀、2004、p.49）。大賀 (2004) の1万2500km^{3}を採用すると、容易に利用できる水は23km四方の立方体の容積相当量にすぎない。
22) 1966年3月に開催されたSixth Resources for the Future Forum on Environmental Quality in a Growing Economyである。
23) この指摘は山崎 (1993) に基づく。
24) 宇沢 (2003) p.286は、市場メカニズムが機能するためにはコモンズ資源の私有化が必要であるという考え方が、こうした小さな政府を志向する政治思想を支えていたことを指摘している。
25) ホーケン他 (2001) p.236をほぼ引用した。

26) ホーケン他（2001）p.237 を参照した。
27) ハーマンデイリーは、この事とかかわって、次の3つの規則を述べている。1）再生可能な資源の持続可能な利用の速度は、その供給源の再生速度を超えてはならない、2）再生不可能な資源の持続可能な利用の速度は、持続可能なペースで利用する再生可能資源へ転換する速度を超えてはならない、3）汚染物質の持続可能な排出速度は、環境がそうした汚染物質を循環し、吸収し、無害化できる速度を超えてはならない（メドウズ他，2004, pp.67-68 から引用）。
28) わが国において、環境容量という言葉が出てきたのは、1967年頃であり、文献としては1972年の財団法人環境文化研究所（1972）、環境行政上での使用は、同じく1972年の中央公害対策審議会による『環境保全長期ビジョン中間報告』においてであるとされている（海老瀬編（1988）の福島執筆部分 p.2、原沢執筆部分 p.21 および北畠執筆部分 p.59 の記述に基づく）。この文脈で議論された環境容量は、自然の浄化作用の限界点としてのものである。
29) Kashiwai（1995)、p.89 によれば、ロジスティック曲線の K を環境容量と呼んだのは、Odum（1953）が最初のようである。
30) ここで、N_{MSY} は**最大持続的捕獲量**（MSY）をもたらす資源量のことである。
31) さらに、小泉（1988）p.172 によれば、Stelfox et al.（1976）は良好な避難場所が存在しない状況ではエサに基づく環境容量の推定値を用いることはできないとしている。
32) ある生物の捕食者や競争種は、その種の環境容量を規定はせず、その種の個体数を環境容量以下に減少させるものとみなされる（海老瀬（1988）の川那部執筆部分 p.50）。
33) 例えば、わが国のシカについて、忌避する植物以外はほとんど存在しない状況や、ディアラインが形成されている状況がこれに該当するであろう。
34) その一例が、「ある種について、環境が劣化せずに支えられる最大個体群密度」というオダムによる環境容量の定義である。
35) 梶（2000）も同様のことを言及している。
36) 環境変動を無視した単純化した状況では、毎年増加しただけ捕獲をおこなうならば、経年的に同じ捕獲量が得られる。これを持続的捕獲量という。
37) エコロジカル・フットプリントについての邦文文献として、ワケナゲル他（2004）、チェンバース他（2005）などがある。
38) エコロジカル・フットプリントはデータの信頼性などの面で課題が残っているといえよう。実のところ、生物資源の経済学と係わるデータのほとんどは、同様の問題を抱えている（例えば、山田・田中，1999，p.151 を参照のこと）。1967年の『世界漁業白書』は「完全かつ結論的な生物学的証拠を求めたため、保全措置が遅れ、1魚族とそれに依存する漁業とには大きな損害を与えた例はあまりに多い」という指摘をしている。不十分なデータを用いる意味があると

すれば、1つは社会の認識を高める効果を持ちうること、いま1つは順応的管理の際の1つの指標となることであろう。世界漁業白書が警鐘するように、完全を求めて足踏みしていては最悪の結果をもたらす。

39) いくつかのウェブサイトで、自分のエコロジカル・フットプリントを計算することが可能である。例えば、アースディネットのサイト（http://www.earthday.net/Footprint/index.asp#）。

40) 一層正確には、ある国の生態的赤字の一部は、他の国からの輸入によっても補填されると考えられる。

41) 4.40gha÷1.78gha＝2.47。

42) 以下の記述は、FAO（2005）p.10 を基にした。

43) 以下の記述は、FAO（2005）p.11 を基にした。

44) 環境省（2004）p.32 の表13 に基づく。

45) 北海道庁のサイト内にある「エゾシカの保護と管理」を参照（http://www.pref.hokkaido.lg.jp/ks/skn/sika/sikatop）。

46) 河田（2006）を参照のこと。

第3章
外 部 性

第1節　金銭的外部性と技術的外部性

1. 市場の失敗と金銭的外部性

　ミクロ経済学では、市場メカニズムによって達成される均衡解がパレート最適である状況が通常は想定されており、パレート最適にならない状況は例外として扱われ、市場の失敗と呼ばれる。市場の失敗には、**独占**、**自然独占**、**情報の非完全性**、**外部性**などがある。ここでは、外部性に着目する[1]。

　外部と内部という用語は、もともとはマーシャルに由来する[2]。彼は、個々の企業の生産規模の拡大によって平均生産費用が低下することを**内部経済**、産業全体の生産規模の拡大によって平均生産費用が低下することを**外部経済**と呼んだ。例えば、企業規模の拡大とともに分業が進み、生産工程の効率化、生産者の技能の向上に拍車がかかるのが内部経済であり、企業が集積することによって通信費や輸送費のコストダウンが進むのが外部経済である。ここでは、内部と外部は、個々の企業の内部か外部かという意味になっている。

　ところで、マーシャルが指摘したような内部経済、外部経済は、価格の変化を通じて調整されうるものであり、市場の失敗を招かない。こうした外部性は、現在では、**金銭的外部性**と呼ばれている。

2. 技術的外部性

　ピグーは、市場の失敗が生じるような外部性があることを指摘した。こうした外部性は、現在では**技術的外部性**と呼ばれており、外部性という場合はし

ばしばこちらの意味である。いま、鉄道が増設され、駅が拡大される事例を考えてみよう。この時、駅周辺では利便性の向上などによって地価が上昇し地主が儲かるであろう。これは市場価格の変化を伴なっており、金銭的外部性である。他方で、駅周辺では騒音が発生したり、場合によっては治安が悪化するかもしれない。これは、市場価格の変化を伴なわないまま、これまで駅を利用していた人たちや近隣住民に不効用を与える現象であり、技術的外部性である[3]。

　技術的外部性が存在する場合、市場メカニズムによって達成される均衡解は、もはやパレート最適ではなくなっている。この時に、外部性の大きさを調節して、パレート最適な状態を達成することを**内部化**という[4]。ここでは、内部と外部は、市場の内部か外部かという意味になっている。この文脈で内部（不）経済、という場合は、プラスの効果（マイナスの効果）を受けた主体が対価を支払っている（受け取っている）状態であり、外部（不）経済は同様に支払っていない（受け取っていない）状態である。

3. 技術的外部性の定義と類型

　Baumol and Oates（1988）は、外部性を次のように定義した[5]。「ある個人（Aとする）の効用ないしは生産関数が実物（非金銭的）変数を含んでいるとする。Aの効用に及ぼす影響に別段注意が払われることなく、実物変数の値がA以外の他の経済主体Bによって選ばれる時、外部性が存在する」。

　しばしば引き合いに出される事例を、この定義に当てはめてみよう。いま川の下流で「ある個人A」が漁業を営んでいるとする。川の上流では「他の経済主体B」が工場で製紙をおこない、適切な処理をしないまま、排水をこの川に流しているとする。この時、ある個人Aの生産関数は、資本、労働、魚の数という変数を用いて、F（資本、労働、魚の数）と書けるであろう。ここで、資本と労働は経済変数であり、魚の数は実物変数である。上流の企業が未処理の排水を川に流すということは、実物変数（魚の数）が、A以外の他の経済主体Bによって選ばれているということであり、この時、Aは漁獲量が減少し、効用が低下するが、このことに対して、Bは別段注意を払っていない（例えば、補償金を払ったりはしない）。

効果を受ける経済主体からみて、プラスの効果であるかマイナスの効果であるかによって、その外部性は**正の外部性**、**負の外部性**と区別して呼ばれる。上記のケースでは、負の外部性が発生している。後に事例でみるが、正の外部性と負の外部性が同時に両方とも発生することがある。また、経済主体間で外部性が一方向的に、あるいは双方向的に作用することがある。経済主体としては、企業および家計という経済主体が想定される。生産活動に起因するか、消費活動に起因するかによって、**生産の外部性**と**消費の外部性**が区別されるものの、消費の外部性が取り上げられることは稀である。

第2節　正の外部性と負の外部性

1. 状況設定と概要

　外部性が存在する場合、その資源は過大もしくは過少利用され、効率的な資源配分は達成されない。ここでは、シカが生息するある地域を事例としてみてみよう。シカは林内や林縁部を中心に生息し、林内の植物や隣接する農地の作物をエサとしている。林内のシカのエサの量は、森林施業と関係していることが指摘されており[6]、伐採跡地のエサの量がもっとも多くなる。

　いま、ある山をA氏とB氏が半分ずつ所有し、山に隣接して公共スペースとC氏が所有する農地があるとする（図3-1）。この山にはシカが生息しており、農地や公共スペースにも出没するとしよう。ある年に、A氏が所持する山の立木の大半を伐採するならば、伐採跡地でエサの量が大幅に増加して、シカの個

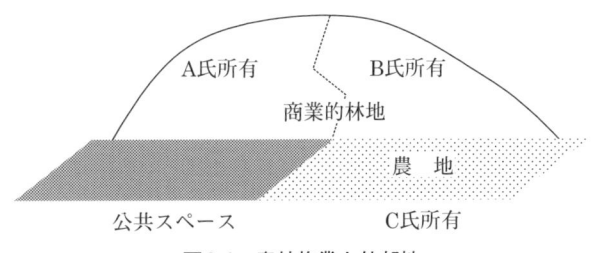

図3-1　森林施業と外部性

体数が増え、周囲に影響を及ぼすであろう[7]。

　この時、2つの効果が生じうる。第1は、シカの増加によって、B氏の立木やC氏の農作物に被害が発生する効果である。A氏は、伐採にあたって、立木の売却から得られる収入や伐採とかかわる費用（立木の伐採費用や増加したシカが自分の立木に及ぼす被害）は考慮するが、他の経済主体が所有する立木や農作物への被害のことは考慮しないのが通常である。すなわち、A氏は意思決定にあたって立木の伐採費用と増加したシカによる被害という**私的費用**のみを考慮する。これらは市場で考慮される**内部費用**である。他方で、他の経済主体が被る被害はA氏にも市場でも考慮されず、**外部費用**となる。結果として、市場メカニズムによって達成される均衡解では、外部費用が考慮されていない分だけ費用が過少評価されている。いま私的費用に外部費用を加えた**社会的費用**を考えると、需要曲線と社会的費用曲線の交点ではパレート最適が達成される。この時の伐採量と比較して、外部費用が考慮されない時には、伐採量は過剰になっている。

　第2は、シカの増加とA氏の立木の伐採によって、公共のスペースからシカが頻繁に観察されるようになり、訪問者が増加する効果である。訪問する人びとの便益は増加するが、A氏は伐採にあたって、そのことは考慮しないであろう。この場合、内部費用（A氏にとっての私的費用）は先と同様に伐採とかかわる費用のみであり、訪問者の便益の増加という**外部便益**は考慮されない。先と同様に、私的費用に外部便益を加えた社会的費用を考えると、需要曲線と社会的費用曲線の交点ではパレート最適が達成される。この時の伐採量と比較して、外部便益が考慮されない時には、伐採量は過少になっている。

2. 負の外部性

　いま、A氏が完全競争市場で立木を売却すると仮定する（図3-2）。すると、立木は単価pで売却され、A氏は単価pの水準で水平な需要曲線に直面する[8]。他方、伐採量を増やすごとに、伐採費用が増加するなら、**限界私的費用曲線（限界内部費用曲線）**は右上がりの曲線となる。A氏による立木の伐採が他の経済主体に与える被害（立木被害、農作物被害）は、伐採量の増加とともに深

刻になると仮定すると[9]、限界私的費用曲線と限界外部費用曲線を垂直方向に足し合わせた**限界社会的費用曲線**は、図のような右上がりの曲線となる。A 氏は需要曲線と限界私的費用曲線が交わる水準に対応した伐採量 Y' を選択する。しかし、社会的には、需要曲線と限界社会的費用曲線が交わる水準に対応した伐採量 Y^* が選択されるべきであり、伐採量は $Y'-Y^*$ だけ過剰になっている。

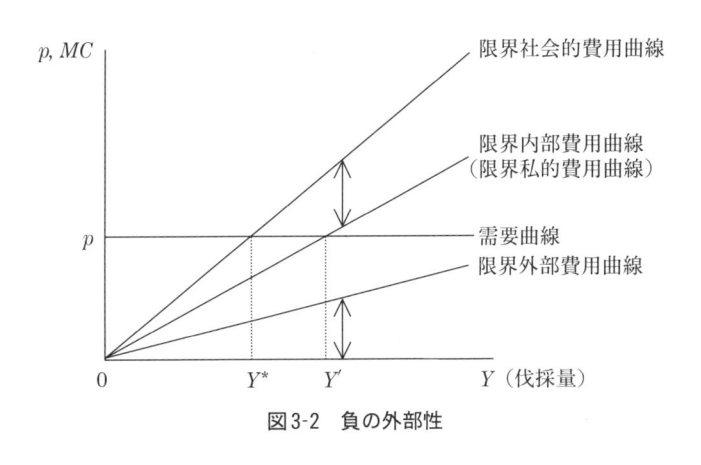

図3-2 負の外部性

3. 正の外部性

先と同様、A 氏は単価 p の水準で水平な需要曲線に直面し、限界私的費用曲線は右上がりとしよう（図3-3）。シカを見て訪問者が得る外部便益は、伐採量の増加とともに低下し、ある水準で安定するならば、**限界外部便益曲線（限界訪問者便益曲線）**は右下がりの曲線となり、ある水準以上ではゼロとなる。限界私的費用曲線と限界外部便益曲線を垂直方向に合算した限界社会的費用曲線は、図のような屈曲した右上がりの曲線（図の太線）になる。A 氏は、需要曲線と限界私的費用曲線が交わる水準に対応した伐採量 Y'' を選択する。しかし、社会的には、需要曲線と**限界社会的費用曲線**が交わる水準に対応した伐採量 Y^{**} が選択されるべきであり、伐採量は $Y^{**}-Y''$ だけ過少になっている。

以上のように、この事例では、A 氏の経済行為が同時に正の外部性と負の外部性を他の経済主体に及ぼしている。このため、外部性を内部化する場合には、両方の効果を勘案して、最適な伐採量を決める必要がある[10]。

図3-3 正の外部性

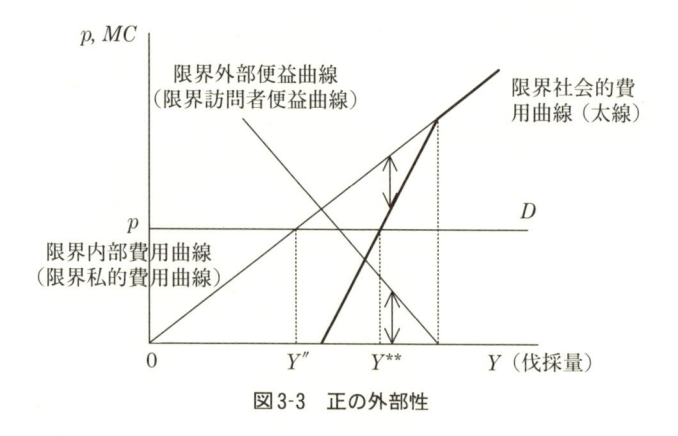

第3節 資源経済学における外部性

1. オープン・アクセス問題

以上では、環境経済学において一般的な文脈で、外部性をみてきた。以下では、資源経済学で重要となる外部性を整理し、説明する。資源経済学における外部性は、オープン・アクセスと関係するものが多いため、初めにオープン・アクセスについて整理する。

経済学で扱われる財は、排除性および競合性によって区分される（表3-1）。非排除性は、対価を支払わない人を排除できないこと、非競合性は、ある人の消費が他の人の消費を妨げないことである。排除的かつ競合的な場合は**私的財**、非排除的かつ非競合的な場合は**純粋公共財**と呼ばれる。非排除性か非競合性のいずれか一方のみが成立する場合は**準公共財**と呼ばれ、非排除的かつ競合的な場合は**コモンプール財**[11]、排除的かつ非競合的な場合は**クラブ財**と呼ばれる。また、特定の状態において排除可能なケースがある。1つ目は、地方自治体のような小規模な地域において非排除的（それ以上の範囲の人びとには恩恵が及ばないという意味で**空間的に排除的**）かつ非競合的なケースであり、**地方公共財**と呼ばれる。いま1つは、ある特定の集団に属さない非構成員を排除するという意味で**社会的に排除的**かつ競合的なケースであり、これには**伝統的コ**

表 3-1 財の分類

	競合的	非競合的
排除的	私的財	クラブ財
社会的に排除的	伝統的コモンズ	－
空間的に排除的	－	地方公共財
非排除的	コモンプール財	純粋公共財

出典：Meister（2001），p.3, 5 の図を改変して作成

モンズが該当する。

　以下では、伝統的コモンズとコモンプール財に着目する。両者は、ともに複数の経済主体が利用する**共有資源**である。しかし、複数の経済主体として選ばれる範囲に限定があるか否かという点で異なっている。伝統的コモンズでは、コモンズの構成員のみが利用可能であり、利用に際しては規律の遵守を求められるのが通例である。アクセスは構成員だけが可能であり、部外者は利用から排除されている。これを**リミティッド・アクセス**（limited access）[12]という。これに対し、コモンプール財では、この共有資源に誰もが自由にアクセスすることが可能である。これを**オープン・アクセス**、あるいは**フリー・アクセス**（free access）という。

　現状では、**純粋なオープン・アクセス**（pure open access）は可能ではないことが多い。例えば、海洋漁業を営む場合、国や自治体による規制があったり、自由漁業であっても漁業関係者間での自主規制が存在することがある[13]。こうしたケースは、**規制されたオープン・アクセス**（regulated open access、あるいは restricted open access）と呼ばれる（Homans and Wilen, 1997）。

　オープン・アクセスが可能な共有地では、『**コモンズの悲劇**』と呼ばれる現象が生じうることを、アメリカの生物学者である**ガレット・ハーディン**が、1968 年に『サイエンス』への同名タイトルを冠した寄稿論文のなかで指摘した（Hardin, 1968）。本来、ハーディンがこの論文で一番論じたかったことは、副題に「人口問題には技術的解決方法は存在しない。解決のためには、道徳面での根本的な変革（extension）が必要である」とあるように、技術的な解決方法が存在しない人口問題であったと思われる。しかし、この論文で注目され

たのは、個々人の行動は合理的であるが、全体としては悲劇[14]に陥ってしまうことを記述した部分であった。

いま、誰もが自由に出入りできる共有地があり、牧夫が牛を飼っているとしよう。牛の放牧数が多くなってくると、牧夫は新たな牛の投入にあたって次のようなことを自問するであろうとハーディンは述べている。

> 合理的な人間として、各々の牧夫は彼の利得を極大化しようとする。明示的にあるいは暗黙のうちに、意識的にあるいは無意識的に、彼は次のように自問する。「私の群れにもう1頭加えると、私にいかなる効用が生ずるか」。この効用は、正負それぞれ1つずつの成分からなる。
> 1. 正の成分とは、1頭の牛の増加という要素である。牧夫は、増えた1頭の売却による利益すべてを手に入れるから、正の効用はほぼプラス1頭である。
> 2. 負の成分とは、その1頭のために付加された、「過度の放牧」という要素である。しかし、過度の放牧の効果はすべての牧夫によって負担されるから、決断を下そうとするある特定の牧夫に対する負の効用は、マイナス1の数分の1にすぎない。
>
> これらの効用の成分を加算して、合理的な牧夫は、彼が取るべき唯一の行動はもう1頭を群れに加えることだ、と結論づけることになる。そして、もう1頭、もう1頭と…。しかしながら、共有地を分けあっているすべての合理的な牧夫が、このような結論に到達するのである。ここに、悲劇が生ずる。各人が、限りある世界において、限りなく自らの群れを増やすよう彼を駆り立てるシステムに、閉じ込められてしまうのである。共有地についての自由を信奉する共同体において、各人が自らの最善の利益を追求しているとき、破滅こそが、全員の突き進む目的地なのである。共有地における自由は、すべての者に破滅をもたらす。
>
> （ハーディン，1993, pp.451-452）

こうして、自分が1頭追加するときに、他の牧夫もみな1頭追加することに思い至らない牧夫たちは、過剰に共有地を利用してしまう。ハーディンによるこの説明は、あまりに牧夫たちをナイーブに想定し過ぎているかもしれない。とはいえ、初歩的なゲーム理論を用いても、共有地が過剰利用という悲劇に陥ることを示すことができる。

共有の牧草地で同質的な2人の牧夫が牛を飼う状況を想定する。彼らは2つの選択肢を持っている。「沢山」放牧するか、「少し」放牧するかである。互いに相手の行動を所与として、自分の利益が最大

		牧夫A	
		少 し	沢 山
牧夫B	少 し	60 ／ 60	0 ／ 90
	沢 山	90 ／ 0	30 ／ 30

注：斜線の右側が牧夫A、左側がBの利得である。

図3-4　牧夫AとBの利得表

になるように行動すると仮定しよう。図3-4には牧夫AとBの利得が記されている。両者とも放牧数を「少し」に抑えた場合、牧草地の劣化を防ぐことができ、合計利得は120(＝60＋60)と最大になる。他方で、両者とも放牧数を「沢山」にした場合、牧草地が劣化して、合計利得は60(＝30＋30)と最小になる。

この利得表を用いて、牧夫AとBが合理的な判断をすると、それが悲劇を招くことをみてみよう。まず、牧夫Aである。彼は、牧夫Bが「少し」放牧をした場合、自分は60の利得の「少し」放牧をするよりも、90の利得の「沢山」放牧をした方がよい。牧夫Bが「沢山」放牧をした場合、自分は利得ゼロの「少し」放牧をするよりも、利得30の「沢山」放牧をした方がよい。結局、牧夫Bの選択とは関係なく、「沢山」を選択するのがよい。次に牧夫Bであるが、牧夫Aと同質的なので、まったく同じ判断をおこない、「沢山」が選択される。こうして、牧夫A、Bとも合理的に「沢山」と判断した結果、合計利得は最小の60(＝30＋30)となってしまうのである。

ハーディンは、コモンズと称される共有地では、このような悲劇が生じることを述べた。しかしながら、その後の多くの研究で、伝統的に存在してきたコモンズでは、むしろ『コモンズの悲劇』を回避するために、コモンズが形成されてきたということが指摘されている（例えば、間宮, 1993, p.132）。現在では、伝統的なコモンズは、自然資源管理の優れた実践事例という評価が一般的である。

とはいえ、ハーディンがいう『コモンズの悲劇』は杞憂ではなく、オープン・アクセスが可能な共有資源では、コモンズの悲劇が問題となりうる[15]。Seijo, Defeo and Salas (1998) は、共有資源であることは、最適な資源配分が失敗する必要条件、オープン・アクセスであることは、最適な資源配分が失

敗する十分条件とし、これらの条件が揃った場合に過剰利用が生じうると整理している。

わが国の場合、漁業資源や野生動物といった自然の**動産**は、所有者が存在しない**無主物**であり、民法239条1項の**無主物先占**の規定に基づき、「所有の意思をもって占有」した人が所有権を取得する。そのため、常に先取り競争の問題が生じる可能性を有している。他方で、無主の**不動産**は国庫の所有となるため、無主物先占は適用されない。このことを踏まえると、わが国の場合には、コモンズの悲劇が生じるための必要条件として、共有資源が動産であるという限定をつける必要があるであろう[16]。以上をまとめたものが、表3-2である。コモンズの悲劇という呼称は、上記の事情から、**オープン・アクセスの悲劇**と呼ばれることもあり、表ではそちらを採用した。

表3-2　オープン・アクセスの悲劇

	アクセスの程度	財の種類	オープン・アクセスの悲劇
共有資源（動産）	純粋なオープン・アクセス	コモンプール財	利用者／利用量の限定が不十分であれば発生しうる
	規制されたオープン・アクセス		
	リミティッド・アクセス	伝統的コモンズ	抑制される

最後に、共有資源でありかつオープン・アクセスが成立すれば、必ずオープン・アクセスの悲劇（あるいは、コモンズの悲劇）が生じるわけではないことに留意しておきたい。まず、利用者（あるいは意思決定者）が1人の場合には、個人の合理的判断がそのまま全体の合理的判断であり、問題は生じない[17]。複数の利用者が存在する場合であっても、利用者数や各利用者の利用量が少なければ、問題は発生しないかもしれない。

2. 動的外部性

生物資源の経済学は、その系譜を漁業経済学に遡ることができる。このため、生物資源と係わる外部性は、主として漁業の分野で論じられており、以下でもそれらを取り上げる（表3-3）。これらは、そのまま野生動物経済学にも応用可能といえよう。本小節では**動的外部性**（dynamic externality）[18]を、

表3-3 オープン・アクセス起因する外部性（漁業資源の場合）

外部性の種類		内　容
動的外部性	ストック外部性	・漁場で操業するにつれて個体数が減少して漁獲費用が増加する結果生じる外部性
	混雑外部性	・漁獲対象とする魚種が密集して存在するために、漁場において漁船が過密になって、漁獲費用が増加する結果生じる外部性
	漁業技術に起因する外部性	・利用する漁具の大きさなどに依存して、漁獲対象とする魚種や混獲される魚種の年齢構成が変化し、それらの魚種の増殖が影響を受ける結果生じる外部性。次の2つに大別できる (1) 魚種内の逐次的な外部性 ・同じ魚種の異なる年齢グループが、異なる生息海域に分布し、異なる種類の漁船グループで漁獲される時に生じる外部性 (2) 魚種間の付随的な外部性 ・異なる魚種が、それぞれ異なる種類の漁船グループで漁獲対象とされている時に、漁具が選択的でないために混獲がなされる結果生じる外部性
漁場質外部性		・漁場の質が漁獲物に影響を与える場合に発生する外部性
生物的外部性	種間競争による外部性	(1) 自然状態で競合する種間での外部性 (2) 自然状態で一方が排除される種間での外部性
	共生による外部性	(1) 相利共生による外部性 (2) 片利共生による外部性
	被食―捕食による外部性	・捕食者の漁獲増加は被食者を漁獲対象とする漁船グループに外部便益をもたらし、被食者の漁獲量増加は捕食者を漁獲対象とする漁船グループに外部費用をもたらすという外部性

注：Smith (1969)、Agnello and Donnelley (1976)、Fisher and Mirman (1992) Seijo, Defeo and Salas (1998) をもとに作成した。

次小節では**生物的外部性**（biological externality）をみていく。動的外部性は、漁獲活動に起因し、漁獲対象魚種を経由して他の漁船に及ぶ外部性である[19]。生物的外部性は、異なる漁獲対象魚種間に相互関係があることから、一方の魚種を漁獲する漁船が**漁獲努力量**を増加すると、他方の魚種を漁獲する漁船に及ぶことになる外部性である。

　Smith（1969）は、動的外部性を、**ストック外部性**（stock externality）、**混雑外部性**（crowding externality）、そして、**漁業技術に起因する外部性**（technological externality）[20]に分類した。まず、ストック外部性である。一般に漁業者は、操業にあたって自分の操業に要する費用（内部費用）しか考慮しない。具体的には、漁場までの燃料費、餌代、冷凍用の氷代、人件費などである。また、自らが操業を繰り返すにしたがって個体数が減少し、自らの漁獲費用が増加することも考慮するであろう。しかし、一緒に操業している他の漁船の漁獲費用をも次第に増加させていることは考慮しない。これが他の漁船に対する負の効果（外部費用）であり、ストック外部性と呼ばれる。

　2つ目は、混雑外部性である。これは、漁獲対象とする魚種が密集して存在するために、漁場において漁船が過密となり、漁獲費用が増加する結果生じるものである。漁獲対象魚が広範囲に均一に分布する場合、各漁船は適当な間隔を開けて操業可能である。この場合には漁獲対象ストックの減少に伴なってストック外部性は生じるが、混雑外部性は生じないであろう。しかし、中には定住性が高い魚種や回遊性の魚種であっても漁場が小さいことがある。すると、こうした魚種を漁獲する漁船の中には、**豊度**が高い場所に入れずに、他の漁船が操業を打ち切るまで待たなければならなかったり、豊度が低い場所で効率が劣る操業を強いられる漁船が出現するであろう。このように混雑に起因して漁獲費用が増加するのであるが、各漁船は操業の際に、自らの操業によって他の漁船に及ぼす漁獲費用の増加のことは考慮しないため、これは外部費用となる。こうして、漁船が漁場の大きさに較べて過密である場合には互いに負の外部性をもたらしあう。ただし、漁船数が増加すると、魚群を見つけやすくなり、漁獲費用が減少するという正の外部性が生じうることも指摘されている[21]。

　一般には、漁獲対象魚種は漁場で不均一に分布することから、混雑外部性は

ストック外部性と同時に発生すると想定するのが適切であろう。いずれの外部性も、基本的には漁船間で互いに相手の漁獲費用を高める負の外部性である[22]。ストック外部性や混雑外部性が存在すると、外部費用が発生しており、漁場に参入する漁船数が過剰になることをみてみよう。

いま、単位時間あたりの1隻あたり平均漁業収入を$B(N)$、1隻あたり漁業費用をC、漁船数をNとする。平均漁業収入は、漁船数の増加とともに減少すると考えられるため、図3-5では右下がり（$B'(N)<0$）に描かれている。

まず、漁業者が外部費用を発生させている場合をみてみよう。1隻あたりの漁獲費用はCであり、1隻あたり平均漁獲収入は$B(N)$であるから、$B(N)-C>0$である限り、新たな漁船が参入しうる。反対に、$B(N)-C<0$となると、採算が悪い漁船が退出するであろう。結果として、漁船の参入数は$B(N)-C=0$を満たすN'となる。この時、各漁船が出漁することで、ストック外部性や混雑外部性の形で互いに外部費用を発生させている。

次に、外部費用を内部化したケースを考えてみよう。この時には、1隻あたり平均漁獲収入$B(N)$から外部費用を差し引いて考える必要があり、いまその曲線を社会的限界漁業収入曲線と呼ぶことにする。社会的限界漁業収入＝1隻あたり平均漁業収入—外部費用であるから、図3-5のような位置関係になる。社会的にみて望ましい漁船数はN^*である。ストック外部性や混雑外部性が存在すると、$N'-N^*$だけ漁船数が過剰になっていることがわかる。

このことを、数式を用いて示してみよう。漁業者全体の純収益は$N[B(N)$

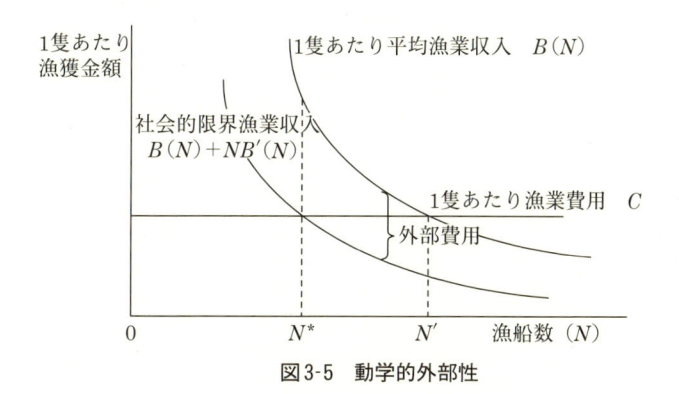

図3-5 動学的外部性

$-C$ であるから、社会的にみて望ましい漁船数は、$d\{N[B(N)-C]\}/dN=0$、すなわち $B(N)+NB'(N)-C=0$ を満たす N となる。ここで、上記の仮定から $B'(N)<0$ なので、$NB'(N)$ は負値であり、外部費用を表している。社会的限界漁業収入は $B(N)+NB'(N)$ と表される。

3つ目は、漁業技術に起因する外部性である。これは、利用する漁具の大きさなどに依存して、漁獲対象とする魚種や混獲[23]される魚種の年齢構成が変化し、それらの魚種の増殖が影響を受ける結果生じるものである。

Seijo, Defeo and Salas（1998）は、漁業技術に起因する外部性をさらに2つに細分した[24]。第1は、**魚種内の逐次的な外部性**（sequential externalities）であり、同じ魚種の異なる年齢グループ（例えば、未成魚aと成魚b）が異なる生息海域に分布し、異なる種類の漁船グループ（A、Bとする）がそれぞれaとbを漁獲する時に生じる外部性である（図3-6）。漁船Aが未成魚aを取りすぎると**成長乱獲**が発生し、漁船Bが漁獲する成魚bの資源量が減少する。反対に、漁船Bが成魚bを取りすぎると**加入乱獲**が発生し、漁船Aが漁獲する未成魚aの資源量が減少する[25]。

ここで成長乱獲とは、十分成長していない魚を取りすぎることであり、**経済的乱獲**とも呼ばれる。加入乱獲とは、親魚を取りすぎることであり[26]、**生物学**

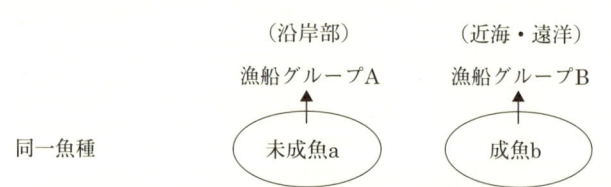

　　　　　　　　　　（沿岸部）　　（近海・遠洋）
　　　　　　　　　漁船グループA　漁船グループB

同一魚種　　　　　（未成魚a）　　（成魚b）

　　Aがaを取りすぎ　→　成長乱獲が発生しbの資源量が減少（負の外部性）
　　Bがbを取りすぎ　→　加入乱獲が発生しaの資源量が減少（負の外部性）
　　　　　　　　図3-6　魚種内の逐次的な外部性

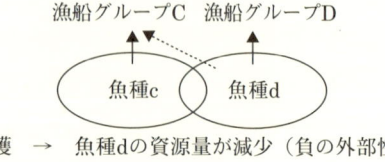

　　　　　　　　　　漁船グループC　漁船グループD

異なる魚種　　　　　（魚種c　魚種d）

　　漁船Cが混獲　→　魚種dの資源量が減少（負の外部性）
　　　　　　　　図3-7　魚種間の付随的な外部性

的乱獲とも呼ばれる。通常、乱獲という場合には加入乱獲のことを指す。最初に成長乱獲が生じ、結果として産卵親魚が減少して加入乱獲も引き起こされるという順序を辿りがちである[27]。

第2は、**魚種間の付随的な外部性**（incidental externalities）である（図3-7）。異なる魚種（例えば、魚種cとd）が、それぞれ異なる種類の漁船グループ（C、Dとする）で漁獲対象とされているとする。この時、漁船Cの漁具が選択的でないために魚種dが混獲されると、漁船Dが漁獲する資源量が減少する。

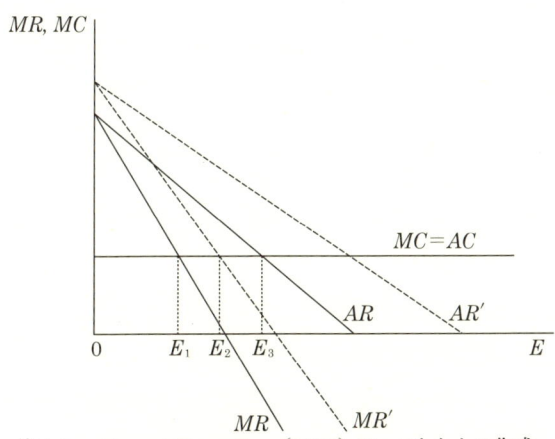

Agnello and Donnelley（1976）は、Smith（1969）の分類に加えて、カキ漁のように、漁場の質が水産物に影響を与える場合には[28]、**漁場質外部性**（ground quality externality）が存在しうることを示した。漁業者は漁場がオープン・アクセス可能な共有財産の時には漁場の質に配慮しないが、私的財産になると配慮する。このため、図3-8に示すように、オープン・アクセス可能な共有財産の時の平均収入曲線ARと限界収入曲線MRは、私的財産化されると、それぞれAR'とMR'にシフトする。オープン・アクセス可能な共有財産の時の均衡漁獲努力量は$AC=AR$となるE_3、私的財産の時の最適漁獲努力量は$MC=MR'$となるE_2で、シフトの度合いによっては、E_2がE_3を凌駕する。

注：Agnello and Donnelley（1976）Fig. 2をもとに作成

図3-8　漁業質外部性と雇用の増加

凌駕するか否かに関係なく、E_2は共有財産の場合の最適漁獲努力量E_1を上回るので、漁場質外部性が存在すると、オープン・アクセスから私的財産に移行するときの雇用量（漁獲努力量）の減少が緩和されることになる。

3. 生物的外部性

次に、生物的外部性をみる。生物間の相互関係としては共生、競争、被食－捕食が想定されるであろう。Seijo, Defeo and Salas（1998）は、まず、競争を2つのケースに分けて論じている。1つ目は、**競合的共存における外部性**（externality under competitive coexistence）である（図3-9）。これは、自然状態で競合し合う魚種eとfを、漁船グループEとFがそれぞれ漁獲するケースである。この時には、漁船Eが魚種eをより多く漁獲すると、魚種fの資源量が増加して、漁船Fに正の外部性を及ぼす。

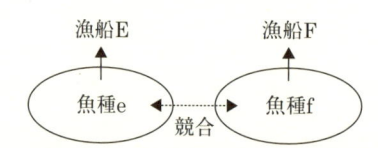

漁船Eが漁獲量を増加　→　魚種fの資源量が増加（正の外部性）

図3-9　競合的共存における外部性

もう1つは、**競争の緩和による外部性**（externality by competitive release）である。これは、自然状態では、魚種gは魚種hによって排除されるものの、漁船グループGとHがそれぞれgとhを漁獲することでgの生存が可能となり、gとhの間に競争状態が実現するケースである。この時には、漁船Hによる魚種hの漁獲が高まれば、魚種gの生息環境が改善して資源量が増加し、漁船Gに正の外部性を及ぼす。

Seijo, Defeo and Salas（1998）は、被食－捕食関係についても考察している（図3-10）。いま、特定の被食者iを専門に捕食する捕食者jを想定しよう。被食者i、捕食者jは、それぞれ漁船グループIとJが漁獲している。この時、漁船Iが漁獲量を増加させると、魚種jはエサが減少するために個体数が減り、漁船Jは負の外部性を被ることになる。反対に、漁船Jが漁獲量を増加さ

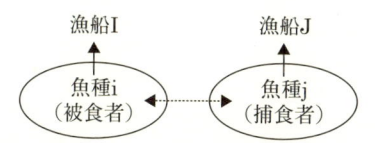

```
        漁船I           漁船J
          ↑              ↑
        ┌─────┐        ┌─────┐
        │魚種i│◄┈┈┈►│魚種j│
        │(被食者)│      │(捕食者)│
        └─────┘        └─────┘
```

漁船Iが漁獲量を増加　→　魚種jの資源量が減少（負の外部性）
漁船Jが漁獲量を増加　→　魚種iの資源量が増加（正の外部性）

図3-10　捕食―被食関係での外部性

せると、魚種iは捕食量が減少するために個体数の減少が少なくなり、漁船Iは正の外部性の恩恵を受ける。

　以上みてきたように、漁業では動学的外部性や生物的外部性が発生する[29]。これらが混在して発生するとき、総体として外部性は正か負となり、それに応じて過少利用、過剰利用問題が生じる。さまざまな外部性の組み合わせ次第では、定性的に過少利用と過剰利用のいずれが生じるかを述べることができず、実証的な検証が必要となる[30]。いずれにせよ、一般に発生しているすべての外部性を考慮して内部化をしない限り、社会的に適切な資源利用は達成されない。

注

1) 外部性は**外部効果**と呼ばれることがある。外部性は、それを受ける対象がプラスの効果とマイナスの効果のいずれを受けるかに応じて、**正の外部性**、**負の外部性**という呼び方がなされる。外部効果の場合には、それぞれ、**外部経済**、**外部不経済**という呼び方がなされる。
2) 以下は、植田他（1991）pp.63-84、三土（1993）p.239 を参照した。
3) ただし、近隣住民に関しては、騒音、治安の悪化などは、地価に反映されるかもしれない。
4) 内部化とは、ほとんどの場合、外部性をなくすことではなく、適度な規模に調整することである。
5) Baumol and Oates（1988）p.17 を若干改変して引用した。また、北畠（1996）p.226 を参照した。
6) 小泉（1988）p.159-162 に基づく。
7) 伐採からシカ増加までに数年のタイムラグが存在すると考えられ、将来資源の価値を割り引くことが考えられるが、ここでは割引は取り上げない。
8) これは、A氏という経済主体（企業）を前提にしているためであり、産業全体で考える場合には、右下がりの需要曲線を用いることになる。

9) 立木被害や農作物被害は伐採量 Y がある水準を超えると発生し、伐採量の増加とともに深刻になると仮定する方が現実に近いと考えられるが、図が複雑になるため、そのようには仮定しなかった。
10) とはいえ、必ずしも生産量（伐採量）の調整のみが問題解決策ではない。例えば、シカの防御網を作るという技術的方法で解決可能かもしれない。先述した製紙業者の排水の例では、生産量（これに比例して排水量が決まるとする）の調整だけでなく、エンド・オブ・パイプ技術による排水の浄化や生産工程のクローズド化のようなクリーナー・プロダクション技術の採用による解決もあり得る。
11) コモンズと呼ばれる場合がある。しかしながら、コモンズという用語は、ハーディンが想定したようなオープン・アクセス可能な自由使用資源を意味する用法と、伝統的コモンズのように特定集団の構成員が規律を遵守して使用する資源を意味する用法とがあり紛らわしいので、ここではコモンプール財という言い方を採用した。
12) あるいは controled access と呼ばれることが稀にある。
13) Munro and Scott（1985）は、漁業における共有資源の問題を2つに分けている。1つ目は、その漁業資源が商業的価値を有しており、何の制限もなく開発可能な時、社会的観点からみて過剰な開発がなされるというものである。2つ目は、規制当局が存在し、年間総漁獲量に制限をおいた場合に、もし漁業者や漁船の参入数に制限をおかなければ、総漁獲量取り分をめぐって過剰投資が生じてしまうというものである。それぞれ Class I common property problem、Class II common property problem と呼ばれている。Dupont（1990）は後者を、1）資本の過剰、2）漁船の過剰、3）複数の漁船が混合して漁獲活動をおこなう場合に、効率が悪い漁船が存在することから経済的に最適な操業がなされないことの3つに分類している。
14) ここでいう悲劇とは、古代ギリシアで成立した演劇の形式である「ギリシア悲劇」であり、主人公の行為が必然的に破滅的な状況に陥ってしまう、逃れようとしても逃れられない悲劇を描いたものである（間宮, 1993, p.130 を参照した）。
15) 佐藤（2004）p.39 は、「ハーディンの主たる関心事は、人口爆発と核の拡散問題といったグローバル・コモンズへの脅威に向けられて」いることや、「ハーディン批判の根拠になってきたローカル・コモンズの研究対象には、原理的に、現存しているコモンズしか選ばれようがないという意味で、サンプルが成功例に偏るというバイアスが働く」ことなどを指摘しており、興味深い。
16) これとかかわって、黒沼（2005）p.259 は、無主物の悲劇という呼び方を採用している。
17) この個人が、他人の参入を予見して行動する場合はその限りではない。
18) **コモンズ外部性**（commons externality）とも呼ばれる。
19) 漁業質外部性は、この定義に厳密に合致していないが、ここでは便宜的に動的外部性

に含める。
20) **網目外部性**(mesh externality)とも呼ばれる。
21) Smith (1969) p.184 に基づく。
22) ストック外部性は、現在のある漁船の漁獲が現在以降将来に向かって問題を及ぼす異時点的なものであるのに対し、混獲外部性は現在のある漁船の漁獲が他の漁船に問題を及ぼす同時期発生的なものである (Perman *et al.*, 2003, p.582)。
23) 混獲とは、とりわけ底曳網のような漁具を用いたときに、漁獲対象以外の魚が一緒に獲れることである。
24) 以下は Seijo, Defeo and Salas (1998) に基づくが、成長乱獲、加入乱獲については一部原文とは異なる説明をしている。
25) この外部性は、Levhari and Mirman (1980)、Fisher and Mirman (1996) などによって複数の国の排他的経済水域などを回遊するトランスバウンダリーな漁業資源 (transboundary fishery resources) を対象として、ゲーム理論を応用して分析されている。
26) より厳密には、何らかの増殖モデルが仮定されるとき、増殖量が最大となる個体数(例えば、MSY を実現する個体数)が存在するが、この個体数未満になることを加入乱獲と呼ぶ。
27) 成長乱獲、加入乱獲に関する以上の部分の記述は、小野 (2005) p.47、能勢 (1988) p.60 の注、松宮 (1996)、p.5 をもとにした。
28) 漁業経済学においてもっとも頻繁に用いられるモデルとして、ゴードン・シェーファーモデルがある。そこで仮定されるロジスティック増殖モデルでは、漁場の質などの海洋環境は一定と仮定されている (Munro and Scott 1985, p.626)。これに対し、Agnello and Donnelley (1976) の漁場質外部性の議論では、増殖量が漁場の質の関数となっている増殖モデルが前提とされていると解される。
29) 以上のほかに Seijo, Defeo and Salas (1998) は、漁獲の際に他の漁業で漁獲対象とされている種の生息地を破壊することから生じる**技術的生態的外部性**(techno-ecological externalities)を指摘している。また、本章で扱ったような捕獲(生産)とかかわる外部性のほかに、生物資源そのものが有する価値が何がしかの便益を発生させており、それが市場に反映されない場合に資源量や捕獲量が最適ではなくなるという形での外部性も生じうる (Perman *et al.* 2003, pp.580-581)。近年では、野生動物経済学の分野で、存在価値などの非市場価値を考慮したケースの考察がなされている。例えば、Alexander (2000) はアフリカゾウの存在価値を含めた場合の最適管理を扱い、河田 (2003) と Hoekstra and van den Bergh (2005) は捕食被食モデルで捕食者の非利用価値を含めた場合の最適管理を扱っている。
30) 例えば、Fisher and Mirman (1992) を参照のこと。

第4章
生物学的モデル

第1節 個体群と増殖モデル

1. 個体群

　ある限られた時間に、ある限られた空間に生息する、同じ種に属する**個体**（individual）の集まりは、**個体群**（population）と呼ばれる[1]。ここで、個体とは、個々の動物や植物のことである[2]。また、**種**（species）は、生物学的な意味では、互いに交配することが可能な生物の集まりのことである[3]。個体群は、資源管理の基本的な単位である。

　個体群は、空間に不均一に分布し、いくつかの場所で高密度に生息する。高密度で生息する個体の集まりの最小の単位は**局所個体群**（local population）と呼ばれる。局所個体群は、比較的頻繁に、互いに遺伝的な交流をおこなう集団を形成しており、これは**地域個体群**（regional population）と呼ばれる。さらに、地域個体群は**メタ個体群**（metapopulation）と呼ばれる集まりを形成する。地域個体群は、相互にはほとんど遺伝的交流をおこなわない。こうした個体群の分類は、陸上の動植物を中心に適用される[4]。

　魚類をはじめとする水産資源の場合、高密度で生息する個体の集まりは、**系群**（subpopulation、**系統群**とも訳される）あるいは**ストック**（stock）と呼ばれるのが一般的である。系群は互いに独立して変動し、相互にほとんど遺伝的交流をおこなわない。このため、個体群が複数の系群で構成されている場合、資源管理は系群ごとになされる[5]。

　ある個体群を形成する個体数のことを、**個体群の大きさ**（population size）

という。これは、個体群が比較的狭い地域に存在して観察が容易な場合に有用な単位である。しかし、土中や水中の生物のように、すべてを観察することが困難な場合には、単位面積や単位体積あたりの個体数である**個体群密度**（population density）を用いる方が現実的であろう。さらに、植物では個体を明確に区別することが困難な場合があり、また、魚類のように区別可能でも個体数ではなく水揚量で統計がとられている生物については、個体群の重量である**バイオマス**（biomass、**生体量**とも訳される）を用いるのが適切である。以下では、適宜個体群の大きさを個体数ではなく、個体群密度の意味で用いるものとする。また、ある短い時間をt期と呼び、t期における個体群の大きさを$N(t)$と表す。

以上は、同一種に関する資源の単位である。ある限られた時間に、ある限られた空間において、複数の種が集まって相互に関係をもっている場合、こうした集団は**群集**（community）[6]と呼ばれる。

2. 指数関数的増殖

自然において、個体群の大きさは、**出生**（bitrh）、**死亡**（death）、**移入**（immigration）、**移出**（emigration）などの要因で変化する。しかし、実際にモデルを作る場合には、移入と移出がおこなわれないという単純化の仮定がなされることがあり、以下ではそのようにする。

ある短い時間のt期が時間間隔を持つ場合、個体群の大きさの変化は差分方程式を用いて**離散時間**（discrete-time）で記述される。t期から$t+1$期までの個体群の大きさの変化は、$N_{t+1}-N_t$で表される[7]。これは、個体数（あるいは個体群密度、バイオマス）の変化である。

これに対し、ある短い時間のt期が「ある時点」である場合、個体群の大きさの変化は微分方程式を用いて**連続時間**（continuous-time）で記述される。t期における個体群の大きさの変化は、$dN(t)/dt$で表され、これは、変化率である。以下では、連続時間を用いるものとする。

離散時間と連続時間のいずれを採用するかで、数値計算で得られる結果は異なるものとなる。いずれを用いるかを決める1つの目安は、増殖の速さであ

り、例えば、数時間、数日のような短期間に増殖するものは連続モデル、年単位で増殖するものは離散時間を用いることが考えられる。しかし、実際には、年単位で増殖する場合でも、連続時間を用いることが多いように見受けられる[8]。

さて、いま、ある個体群の出生率をB、死亡率をDとすると、この個体群の大きさの変化率は、

$$\frac{dN(t)}{dt} = B - D \tag{4-1}$$

で表される。ここで、個体あたりの平均出生率をb、平均死亡率をdとすると、これに個体群の大きさを乗じたものがそれぞれBとDに等しい。すなわち、$bN(t)=B$および$dN(t)=D$である。このことから、個体あたりの平均変化率r_0は、

$$\frac{1}{N(t)} \frac{dN(t)}{dt} = b - d = r_0、または、\frac{dN(t)}{dt} = r_0 N(t) \tag{4-2}$$

と表される。r_0は定数であり、**内的増殖率**(intrinsic growth rate)、あるいは連続時間での増殖率であることを示すために**瞬間増殖率**(instantaneous growth rate)と呼ばれる。縦軸に個体群の大きさの変化率$dN(t)/dt$、横軸に個体群の大きさ$N(t)$をとって、(4-2)式をグラフにすると、図4-1($r_0>0$)および図4-2($r_0<0$)のようになる。

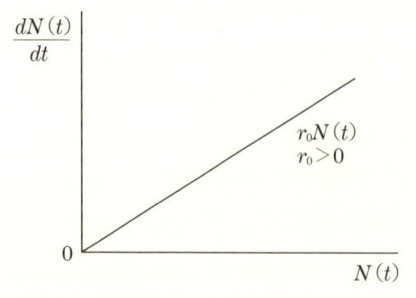

図4-1　個体群の大きさの増加率($r_0>0$) 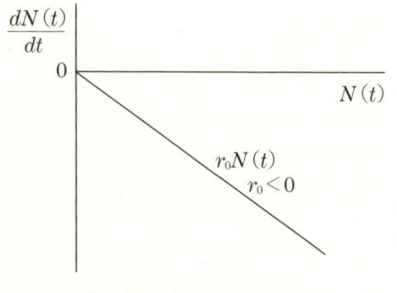　　図4-2　個体群の大きさの増加率($r_0<0$)

この微分方程式の解は、$t=0$ の時の個体群の大きさを $N(0)=N_0$ とするならば、

$$N(t)=N_0\exp(r_0 t) \tag{4-3}$$

となる。横軸に時間 t、縦軸に個体群の大きさ $N(t)$ をとって、内的増殖率 r_0 がプラスの場合とマイナスの場合について、それぞれ時間の経過による個体群の大きさの変化を見たものが、図4-3および図4-4である。

図4-3 指数関数的増殖 ($r_0>0$)

図4-4 指数関数的増殖 ($r_0<0$)

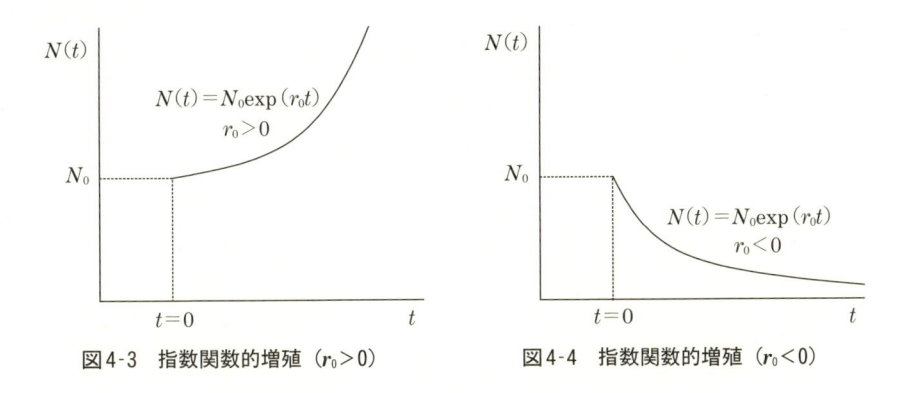

図4-3から明らかなように、個体群の大きさは、時間の経過とともに、指数関数的に増加する。こうした増殖は**指数関数的増殖**（Exponential growth）あるいは**マルサス増殖**（Malthusian growth）と呼ばれ、内的増殖率 r_0 は**マルサス係数**（Malthusian parameter）と呼ばれる。

3. ロジスティック増殖

指数関数的増殖モデルは、いくつかの欠点がある。もっとも頻繁に指摘されるのは、$r_0>0$ の時に時間の経過とともに個体群の大きさが無限に大きくなることが、非現実的というものである。無限に大きくなるのは、個体あたりの平均出生率 b と平均死亡率 d を一定としているためである。実際には、個体群の大きさが増加するにつれて、捕食頻度は増加するであろう。エサは減少

し、生息する環境は悪化して、病気に罹る個体は増加するであろう。このため、個体あたりの平均出生率 b は個体群の大きさ $N(t)$ の減少関数、平均死亡率 d は個体群の大きさ $N(t)$ の増加関数と想定する方がいっそう現実的である。

そこでいま、

$$b = b_1 - b_2 N(t) \tag{4-4}$$
$$d = d_1 + d_2 N(t) \tag{4-5}$$

と仮定する（図4-5）。仮にいま、個体あたりの平均出生率 b と平均死亡率 d が等しいなら、個体群の大きさ $N(t)$ はある安定した値をとる。この値が、**環境容量**（carrying capacity）である。環境容量の時の個体群の大きさを K と表すと、これは $b=d$ を解くことによって、

$$K = \frac{r}{b_2 + d_2} \text{、または、} \frac{r}{K} = b_2 + d_2 \tag{4-6}$$

となる。ここで、$r = b_1 - d_1$ であり、以下では $r > 0$ と仮定する。(4-2) 式に (4-4) 式〜(4-6) 式を代入すると、

$$\begin{aligned}\frac{dN(t)}{dt} &= r_0 N(t) = [b_1 - d_1 - (b_2 + d_2) N(t)] = \left(r - \frac{r}{K} N(t)\right) N(t) \\ &= r\left(1 - \frac{N(t)}{K}\right) N(t)\end{aligned} \tag{4-7}$$

が得られる。これは、**ロジスティック方程式**（logistic equation）と呼ばれる[9]。縦軸に個体群の大きさの変化率 $dN(t)/dt$、横軸に個体群の大きさ $N(t)$ をとって、(4-7) 式をグラフにすると、図4-6のようになる。

ロジスティック方程式は、マルサス係数 r_0 を $r(1-N(t)/K)$ に置き換えたものにすぎない。個体群の大きさ $N(t)$ が小さい時には、両者は近似した値となる。

図4-5　密度効果と環境容量

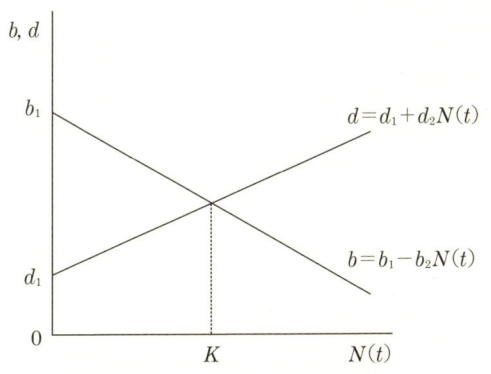

注：密度効果については、次節を参照のこと。

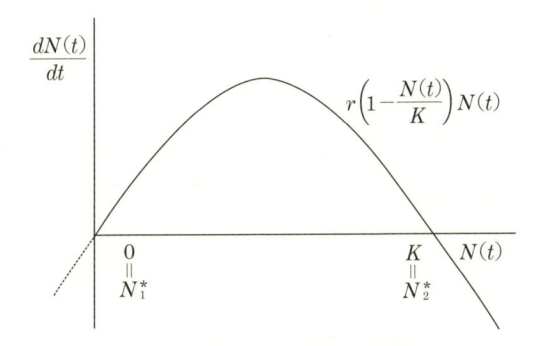

図4-6　個体群の大きさの増加率

ロジスティック方程式の解は、$t=0$ の時の個体群の大きさを $N(0)=N_0$ とするなら、

$$N(t)=\frac{K}{1+\left(\frac{K}{N_0}-1\right)\exp(-rt)} \tag{4-8}$$

となる。横軸に時間 t、縦軸に個体群の大きさ $N(t)$ をとって、時間の経過による個体群の大きさの変化をみたものが、図4-7である。

図4-7のように、個体群の大きさは、$t=0$ の時の個体群の大きさが N_0 や

図4-7 ロジスティック増殖

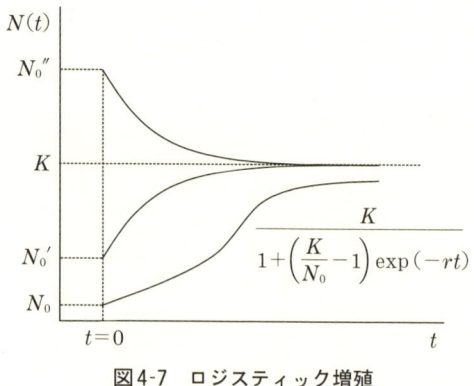

N_0' のように環境容量 K よりも小さければ、次第に増加して、環境容量 K に収束する。特に、N_0 から伸びているS字型の曲線は、**シグモイド曲線**（sigmoid curve）と呼ばれる。反対に、$t=0$ の時の個体群の大きさが N_0'' のように環境容量 K よりも大きければ、次第に減少して環境容量 K に収束する。こうした増殖は、**ロジスティック増殖**（logistic growth）と呼ばれる。

第2節　密度効果

1. 増殖率と密度効果

増殖モデルは、一般的に、

$$\frac{dN(t)}{dt} = F(N(t))N(t) \tag{4-9}$$

と表せる。この式を個体群の大きさ $N(t)$ で割って得られる右辺の $F(N(t))$ は個体あたりの平均変化率であり、**増殖率**（growth rate）と呼ぶことにする。

　指数関数的増殖では、増殖率はマルサス係数 r_0 に等しく、定数であった（表4-1）。他方で、ロジスティック増殖では、増殖率は $r(1-N(t)/K)$ であり、これは個体群の大きさが大きくなるほど線形に減少する。このように、増殖率が

個体群の大きさの関数となっている時、**密度効果**（density effect）が存在するという。指数関数的増殖では、増殖率は定数なので、密度効果は存在しない。ロジスティック増殖では、増殖率のうち $-rN(t)/K$ が密度効果を表している。

表 4-1 増殖率と密度効果

		増殖率 $F(N(t))$	
指数関数的増殖	$\dfrac{1}{N(t)}\dfrac{dN(t)}{dt}=r_0$	r_0	増殖率は個体群の大きさの関数ではない（密度独立）
ロジスティック増殖	$\dfrac{1}{N(t)}\dfrac{dN(t)}{dt}=r\left(1-\dfrac{N(t)}{K}\right)$	$r\left(1-\dfrac{N(t)}{K}\right)$	増殖率は個体群の大きさの関数である（密度従属）

特に、増殖率が個体群の大きさの減少関数となる部分がある時には、**密度依存効果**（density-dependent effect）が存在するといい、反対に、増殖率が個体群の大きさの増加関数となる部分があるときには、**密度逆依存効果**（inverse density-dependent effect）が存在するという。

個体群の大きさが低いところでは密度逆依存効果が存在し、高いところでは密度依存効果が存在して、中間に**最適密度**（optimum density）がある場合には、**アリー効果**（Allee effect）があるといわれる[10]。

2. 補償と非補償

増殖率が常に個体群の大きさの減少関数となっている場合（すなわち、密度依存効果しか存在しない場合）、その増殖モデルは**純粋補償**（pure compensation）といわれる[11]（図 4-8、4-9 参照）。ロジスティック増殖は、その一例である。増殖率が部分的に個体群の大きさの増加関数となっている場合、その増殖モデルには**非補償**（depensation）の過程があるという（図 4-10〜4-13 参照）[12]。非補償の過程が存在することは、アリー効果があることを意味する。非補償の過程に加えて、個体群の大きさがゼロの近くにおいて、個体群の大きさの変化率 $dN(t)/dt$ が負になる部分があるならば、その増殖モデルは**臨界非補償**（critical depensation）といわれる（図 4-12、4-13 参照）[13]。

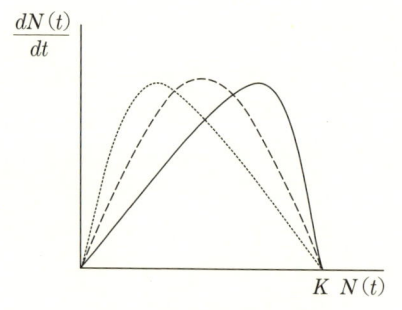

図4-8 純粋補償の増殖曲線

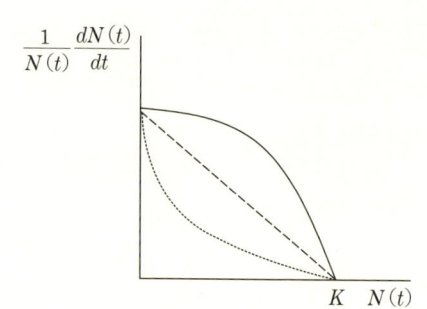

図4-9 密度効果（線形・非線形）

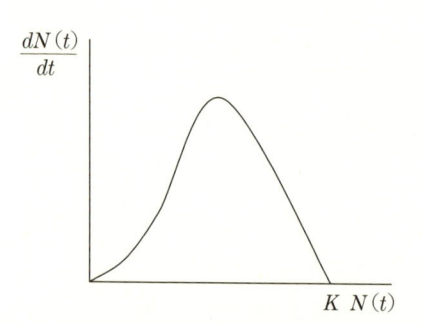

図4-10 非補償の増殖曲線

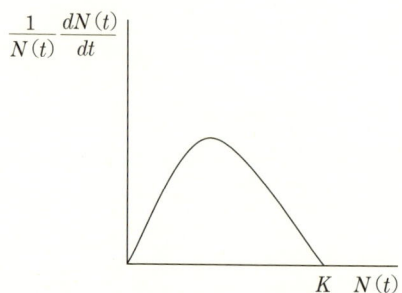

図4-11 密度効果（アリー効果あり）

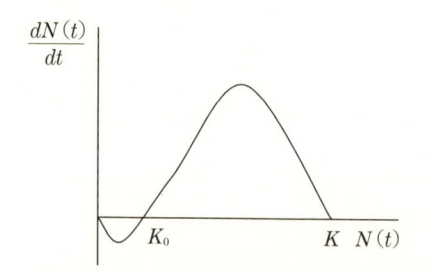

図4-12 臨界非補償の増殖曲線

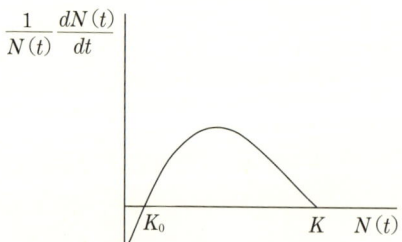

図4-13 密度効果（アリー効果あり）

第3節　ロジスティック増殖の一般化

1. 一般化ロジスティック増殖

　密度効果を取り入れたロジスティック増殖モデルには、ベルウルスト・パールの方程式の他にも、リチャーズ（Richards, 1959）による一般化ロジスティック増殖モデルや、アリー効果を内包したモデルがある（表4-2）。ベルウルスト・パールの方程式では、密度効果が線形に表されたが（図4-9をみよ）、一般化ロジスティック増殖モデルでは、非線形になる場合を含めた形に一般化される。

表4-2　増殖モデル

モデル		増殖率	密度効果	
指数関数的増殖（マルサス増殖）		一定	なし	―
ロジスティック増殖	Verhust-Pearl	線形に減少	密度依存効果	純粋補償
	一般化 Richards	線形、非線形に減少	密度依存効果	純粋補償
	アリー効果内包型	非線形（上に凸）	アリー効果	臨界非補償

　リチャーズの一般化ロジスティック増殖モデルは、次の微分方程式で表される。

$$\frac{dN(t)}{dt} = rN(t) - \frac{r}{K}N(t)^\theta \quad (4\text{-}10)$$

　この式は、θ が2の時にベルウルスト・パールの方程式を表す（4-7）式と一致する。θ が2より小さい時には、図4-8の細破線、大きい時には実線で示されるような形状をとる[14]。

2. アリー効果の内包モデル

　次に、アリー効果を内包したモデルをみる。しばしば取り上げられるのは、次のモデルである（図4-12参照）。

$$\frac{dN(t)}{dt} = r\left(\frac{N(t)}{K_0} - 1\right)\left(1 - \frac{N(t)}{K}\right)N(t) \qquad (4\text{-}11)$$

ここで、$0 < K_0 < K$ である。K_0 の左側では個体群の大きさの変化率 $dN(t)/dt$ が負になるため、このモデルは**臨界非補償**である。K_0 は**不動点**（fixed point）の1つであるが、**ルペラー**（repellor）であるため、個体群の大きさが K_0 未満になると、この種は絶滅に向かうことになる（次小節参照）。このように、K_0 は個体群が存続するために最小限必要な個体群の大きさを示しており、**最小存続可能個体数**（minimum viable population, MVP）と呼ばれる。これは、シェイファー（M. L. Shaffer）によって提示された概念であり（Shaffer, 1981）、「個体群が1000年間存続する確率が99%となるのに最小限必要な個体群の大きさ」のことと定義されている。この定義は絶対的なものではなく、状況に応じて設定を変更すべきであるとシェイファー自身が述べている（プリマック, 1997, p.164）。これまでに推定されたものでは、「100年間存続する確率が95%」のケースが多い（樋口編, 1996, p.130）。

3. 不動点と安定性

いま、次のような微分方程式を考える。

$$\frac{dN(t)}{dt} = f(N(t)) \qquad (4\text{-}12)$$

この式の右辺の $f(N(t))$ は、時間 t を陽に含んでいない。こうした微分方程式は**自律系**（autonomous）と呼ばれ、(4-7)式のロジスティック方程式は、その一例となっている。

いま、任意の時間 t に対して、$N(t)$ について解くことができると仮定する。すると、時間 t の経過に応じて解 $N(t)$ の**軌跡**（trajectory）が得られる。図4-3や図4-4、図4-7は解 $N(t)$ の軌跡を描いたものである。

$f(N^*)=0$ を満たす $N(t)=N^*$ は**不動点**あるいは**均衡点**（equilibrium point）と呼ばれる。例えば、ロジスティック方程式の場合、$r(1-N(t)/K)N(t)=0$ か

ら、不動点は 2 つ存在し、$N_1^*=0$、$N_2^*=K$ となる（図 4-6）。

不動点 N^* の近くの解 $N(t)$ の軌跡は、不動点に近づく場合と遠ざかる場合とがある。近づく場合、不動点は**リアプノフの意味で安定**（Lyapunov stable）といわれ、遠ざかる場合、不動点は**不安定**（unstable）であるといわれる[15]。

ロジスティック方程式の場合、図 4-6 のように、$N_1^*=0$ の左側では $dN(t)/dt<0$、右側では $dN(t)/dt>0$ となっており、時間 t の経過とともに解の軌跡は不動点から遠ざかることがわかる。こうした点は**ルペラー**と呼ばれ、不安定である。

もう 1 つの不動点である $N_2^*=K$ の場合、左側では $dN(t)/dt>0$、右側では $dN(t)/dt<0$ となっており、時間 t の経過とともに解の軌跡は不動点に近づくことがわかる。こうした点は**アトラクター**（attractor）と呼ばれ、安定である[16]。

図 4-6 の $N_1^*=0$ の周辺のように、解の軌跡が正の（有限の）傾きを持つのがルペラーの特徴である。反対に、$N_2^*=K$ の周辺のように、解の軌跡が負の（有限の）傾きを持つのがアトラクターの特徴である。

注
1) ウィルソン・ボサート（1977）の訳者の注によれば、population の訳語として、集団遺伝学では「**集団**」が、個体群生態学では「**個体群**」が使われる。
2) 個体の定義は難しいとされ、既存の文献では、「空間的に単一のものであり、生活のために必要にして十分な構造と機能をそなえたもの」（亀山編、2002、p.16）、「独立・分離した組織を持ち、繁殖と死亡の単位」（松田、2004、p.25）などと説明されている。
3) 種について詳しくは、例えば鷲谷・矢原（1996）pp.42-44 を参照されたい。
4) 局所個体群、地域個体群、メタ個体群の関係は、例えば、亀山編（2002）p.24 の図 2-6 を参照せよ。
5) 同様に、陸上大型野生動物の場合には、地域個体群に着目して資源管理や絶滅評価がなされることが多い。例えば、北海道に生息するヒグマは渡島半島、積丹・恵庭、天塩・増毛、道東・宗谷、日高・夕張の 5 つの地域個体群に分けられ、このうち積丹・恵庭地域の個体群は 1991 年のレッドデータブックで「特に保護に留意すべき地域個体群」に指定されている（野生鳥獣保護管理研究会編、2001、p.294）
6) この集団が動物からなる場合は**群集**、植物の場合は**群落**と訳される。

7) 以下、離散時間を用いる場合には、連続時間との混同を避けるために、$N(t)$ のかわりに N_t のように記述する。
8) Munro and Scott（1985）p.628 では、連続時間を用いるか離散時間を用いるかは、好みや便利さの問題であるとしている。
9) この式は 1838 年にベルギー人の Verhulst が導出し、後にそれとは独立に導出した Pearl と Reed が 1920 年代に一連の論文を発表したことで有名になったものであり、**ベルウルスト・パール（Verhust-Pearl）の方程式**と呼ばれることもある。
10) 個体群の大きさが低いとき、集団を形成して外敵から身を守るなどの形で個体同士が相互に協力し合うことによる効果のことをアリー効果と呼ぶ場合もある。
11) この段落の記述および図 4-8、4-10、4-12 は、Clark（1976）pp.16-23 を基にしている。
12) 例えば、$\dfrac{dN(t)}{dt}=r\left[1-\dfrac{N(t)}{K}\right]N(t)^{\alpha}$、$\alpha>1$ がその一例である（Perman et al., 2003, p.559）。
13) その一例は、次節の（4-11）式で示されるアリー効果を内包したモデルである。
14) 詳しくは、能勢他（1988）の 2.2 節を参照のこと。
15) 安定および不安定のより厳密な定義は、例えば、Kot（2001）を参照せよ。ロジスティック方程式の場合、安定だけではなく**漸近的安定**（asymptotically stable）である。
16) アトラクターは安定だけではなく漸近的に安定である。また、不動点が 1 つの場合には**大域的に**（globally）安定／不安定、複数の場合には**局所的に**（locally）安定／不安定という。

第5章

静学的経済モデル

第1節 余剰生産量モデル

1. 資源動態と余剰生産

第4章では、移出入が起こらないという単純化の仮定を置き、出生と死亡をもとにした増殖曲線を求めることによって自然状態での個体群の大きさの変化をみた。本章では、さらに捕獲という経済活動が加わった状況を想定する。

捕獲がなされている場合、個体群の中には捕獲の対象となるものとならないものが存在する。その区別は、制度的なものと、物理的なものに区別できる。制度的なものとは、漁業などに見られるように、自主規制や法的規制によって、一定基準未満の体長や体重、あるいは齢の個体の捕獲を禁止することによって捕獲対象外とする場合である。物理的なものとは、網を用いる漁業のように、体長が十分大きくないため、網にかからずに捕獲されない場合である。捕獲の対象となることは、加入（recruitment）と呼ばれる。

以下では、捕獲がなされている状況を想定しつつ、個体群の大きさ $N(t)$ を、適宜資源量と呼ぶことにする[1]。捕獲を考えた場合、資源量の動態は、生息環境の変化に伴なう不確実性を無視でき、また、他の種との生物学的相互関係を有していないならば、次の等式で表すことができる[2]。

$$N_{t+1} = N_t + C_t(N_t) + W_t(N_t) - M_t(N_t) - H_t(E, N_t) \tag{5-1}$$

ここで、N_{t+1} および N_t はそれぞれ $t+1$ 期および t 期の資源量である。$C_t(N_t)$ は t 期における資源の加入量、$W_t(N_t)$ は t 期における資源の体重増加量、$M_t(N_t)$ は t 期における自然死亡量、$H_t(E, N_t)$ は t 期における捕獲量である。E は捕獲努力量 (fishing effort) であり、ここでは簡単化のため、経時的に一定の値を取ると仮定する。捕獲努力量とは、捕獲活動に投下された労働と資本の総称である[3]。具体的には、シカなどの野生動物の場合には、捕獲者数に捕獲日数を乗じたもの、魚類の場合には、船舶の隻数に操業日数を乗じたものなどが用いられる[4]。

(5-1) 式で、資源の変化量がゼロとなる場合、つまり、時間が経過しても資源量が変化しない場合を考えてみる。そのときには、$N_{t+1}=N_t$ が成立するので、その水準を N^* と表すなら、

$$H(E, N^*) = C_t(N^*) + W_t(N^*) - M_t(N^*) \tag{5-2}$$

という式が成立する。右辺は自然増加 (natural increase)[5] あるいは余剰生産 (surplus production) と呼ばれ、左辺の捕獲量と一致するので、この式は、増えた分だけ捕獲する状況を表している。その捕獲量を仮に H_a としよう。資源量は N^* である。a 期に増えた分だけ捕獲するのだから、次の b 期の資源量は a 期の N^* と同じになり、b 期の自然増加量 H_b も a 期の H_a と同じになる。b 期において再び、この自然増加量だけ捕獲するなら、c 期でも同じことを繰り返すことができる。このように、(5-2) 式を成立させる捕獲量は、永続的に同じ資源量や捕獲量をもたらす水準であり、持続的捕獲量 (sustainable yield) と呼ばれる。

(5-1) 式は差分方程式なので、微分方程式に直すと、

$$\frac{dN(t)}{dt} = c(N(t)) + w(N(t)) - m(N(t)) - h(t) \tag{5-3}$$

となる。ここで、c は t 期における資源の加入率、w は t 期における資源の体重増加率、m は t 期における自然死亡率である。h は t 期における捕獲率であり、

$N(t)$ と $E(t)$ の関数であるが、以下では表記の簡略化のために $h(t)$ と表す。さらに、以下では表記の簡略化のために適宜 t を省く。

2. モデルの分類

実際に分析に用いる場合には、(5-3) 式そのものではなく、次の 2 つのモデルを用いるのが一般的である。1 つ目は、加入量あたり捕獲量モデル (yield per recruitment model) ないしは成長・生残モデル (dynamic pool model) と呼ばれるものである。これは、Baranov の 1916 年のロシア語論文が端緒となり、後に Beverton と Holt の 1957 年の論文によって体系づけられた手法である[6]。

もう 1 つは、余剰生産量モデル (surplus production model) ないしは集中定数系モデル (lumped parameter model) と呼ばれるものである。名前が示すように、このモデルでは (5-2) 式右辺の項をひとまとめに扱う。すなわち、

$$\frac{dN}{dt} = F(N) - h \tag{5-4}$$

という微分方程式で表される。ここで、$F(N)$ は増殖率を表す。

余剰生産量モデルは年級群を区別しないのに対し、加入量あたり捕獲量モデルは、資源を年級群（コーホート）に分ける。だが、現実での適用を考えると、年級群に分けて捕獲（収穫）が可能なのは、植林した森林資源など一部の資源に限られ、水産資源、野生動物、天然林などは捕獲（収穫）時に齢が不明であるのが一般的である。このため、捕獲を前提とした場合には、加入量あたり捕獲モデルの適用はかなり限定される[7]。加えて、加入量あたり捕獲量モデルは、資源の加入量を外性的に与えるという問題がある[8]。このため、以下では余剰生産量モデルについてみていく。

3. 余剰生産量モデル

自然増加を表す項として、ペラとトムリンソンはリチャーズの一般化ロジスティック増殖モデルを採用した (Pella and Tomlinson, 1969)。これは、しば

しばペラ・トムリンソンモデル（Pella-Tomlinson model）と呼ばれ、次のように表される。

$$\frac{dN(t)}{dt}=\left(rN(t)-\frac{r}{K}N(t)^\theta\right)-h(t) \qquad (5\text{-}5)$$

前述のように、(5-5) 式で $\theta=2$ の時には、右辺の括弧内はベルウルスト・パールのロジスティック曲線[9]となる。1954年にシェーファーがこの式を用いて漁業経済学的な分析をおこなったことから、$\theta=2$ の場合には、シェーファーモデル（Schaefer model）と呼ばれるのが一般的である。また、$\theta=1$ の時には、ゴンベルツ曲線（Gompertz curve）となり、フォックスの1970年の論文にちなんでフォックスのモデル（Fox model）と呼ばれるのが一般的である。

表5-1　増殖モデルと捕獲があるときの動態方程式の対応関係

モデル	自然増加の項の仮定	動態方程式	出典
ペラ・トムリンソンモデル	Richards	(5-5) 式	Pella and Tomlinson (1969)
シェーファーモデル	Verhust-Pearl	(5-5) 式で $\theta=2$ のケース	Schaefer (1954)
フォックスのモデル	Gompertz	(5-5) 式で $\theta=1$ のケース	Fox (1970)

以下では、もっとも一般的に用いられるシェーファーモデルを中心にみてみよう[10]。このモデルでは、(5-5) 式

$$\frac{dN}{dt}=r\left(1-\frac{N}{K}\right)N-h \qquad (5\text{-}6)$$

と表される。右辺第2項は捕獲率を示し、シェーファーモデルでは、次のように仮定される。

$$h = qE^\alpha N^\beta \tag{5-7}$$

ここで、q は捕獲能率（catchability coefficient）と呼ばれ、以下では定数と仮定する。(5-7) 式は、コブ・ダグラス型生産関数の形をしているが、シェーファーモデルでは、一般に $\alpha = \beta = 1$ と仮定されるので、以下でもそのように仮定する。

第2節　捕獲と総収入、総費用

1. 持続的捕獲量

次に (5-6) 式がどのような均衡点を持つかをみてみよう。均衡点では資源量が変化しないので、$dN/dt=0$ とおいてみよう。このとき、

$$r\left(1 - \frac{N}{K}\right)N = h \tag{5-8}$$

が成立する。この式の左辺は自然増加率を示しているので、この式が意味することは、均衡点では、捕獲量[11]が自然増加率に等しいということである。すなわち、各資源量 N において、純増加率に等しい量が持続的な捕獲量であり、以下ではこれを持続的捕獲量（sustainable yield）と呼んで Y と表す。

(5-8) 式に (5-7) 式を代入して解くと、$N=0$ および $N=K(1-qE/r)$ が得られる。$N=0$ のときには捕獲がなされないので、経済的に意味をなさない。$N=K(1-qE/r)$ は、$1-qE/r>0$ ならば、この式を満たす持続的資源量 N^* と持続的捕獲努力量 E^* の組み合わせが存在し、経済的に意味をなす均衡点が存在する。

この様子を描いたのが、図5-1である。図では、資源量水準と捕獲努力量が N^* と E^* のときの持続的捕獲量 Y^* が記入されている。資源量水準が N^* の時に、もし捕獲者が捕獲努力量を E^* で維持するならば、捕獲量 Y^* が持続的に得られることが図からわかる。このように、Y は資源量 N と捕獲努力量 E の関数

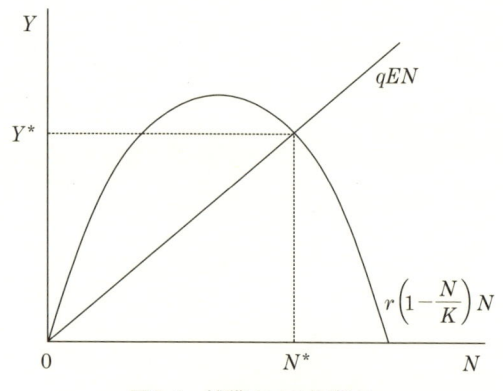

図5-1　捕獲下での均衡点

である。

図5-1は、持続的捕獲努力量をある水準 E^* とした場合である。捕獲努力量の水準を変化させれば、それに応じて異なる水準の持続的資源量と持続的捕獲量の組み合わせが得られる。持続的資源量は、捕獲努力量の関数として、先に求めた $N=K(1-qE/r)$ で与えられ、持続的捕獲量は、これを（5-7）式に代入して、

$$Y = qKE\left(1 - \frac{q}{r}E\right) \tag{5-9}$$

となる。(5-8) 式では、持続的捕獲量が資源量の関数として表されていたのに対し、(5-9) 式では捕獲努力量の関数として表されているという違いがある。

(5-9) 式を図示すると、図5-2のようになる。捕獲努力量が $r/2q$ のときに持続的捕獲量は $\hat{Y}=Kr/4$ となって最大となり（これはMSYである）、この時の持続的資源量は $N=K/2$ である。

2. 総収入関数と総支出関数

いま、捕獲物が完全競争市場で売買されると仮定して、その価格 p が定数であるとしよう。この時、総収入関数を3通りの方法で表してみる。1つ目の総収入関数は、資源量 N の関数として表すものである。いま、総収入を $TR(N)$

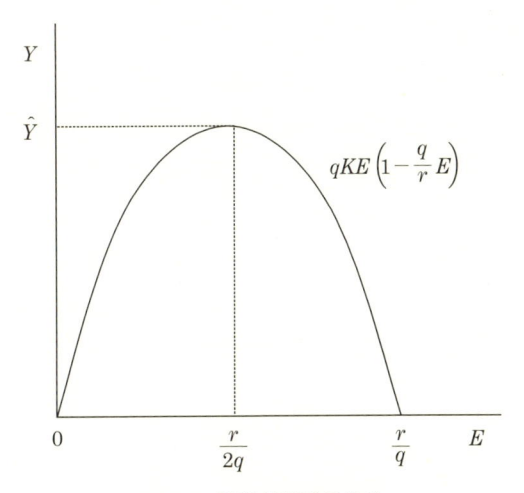

図5-2 持続的捕獲量曲線

とすると、これは、(5-8) 式で表される持続的捕獲量に単価をかけたものとして、

$$TR(N) = pr\left(1 - \frac{N}{K}\right)N \tag{5-10}$$

と表すことができる。

2つ目の総収入関数は、捕獲努力量の関数として表すものである。いま、総収入を $TR(E)$ とすると、これは、(5-9) 式で表される持続的捕獲量に単価をかけたものとして、

$$TR(E) = pY = pqKE\left(1 - \frac{q}{r}E\right) \tag{5-11}$$

と表すことができる。

3つ目の総収入関数は、持続的捕獲量の関数として表すものである。総収入を $TR(Y)$ とすると、これは、持続的捕獲量に単価をかけたものとして、

$$TR(Y) = pY \tag{5-12}$$

と表すことができる。

　次に、捕獲に用いられる捕獲努力の供給が完全弾力的であると仮定する。すなわち、捕獲に要する生産要素が完全競争市場で売られており、労働市場が、ある賃金水準で完全弾力的であるという状況を想定する。よって、捕獲努力単位あたりの費用（unit cost of fishing effort）を a と表し、定数であると仮定する。このとき、総費用関数も同様に3通りの方法で表してみよう。

　まず、捕獲努力量の関数として表す場合の総費用関数をみてみよう。いま、総費用を $TC(E)$ とし、捕獲費用が捕獲努力量の線形関数であると仮定すると、

$$TC(E) = aE \tag{5-13}$$

と表すことができる。

　ここで、総費用 $TC(E)$ を捕獲量 h で割ったものを捕獲活動の単位費用（unit cost of harvesting）と呼び、c で表すとする。すると、（5-7）式と（5-13）式から、

$$\frac{TC(E)}{h} = c(N) = \frac{a}{qN} \tag{5-14}$$

となる。このように、捕獲活動の単位費用 c は資源量 N の減少関数になっている。

　次に、持続的捕獲量（と資源量）の関数として表す場合の総費用関数をみてみよう。（5-7）式および（5-13）式から E を消去すると、$TC(h, N) = ah(t)/qN(t)$ となる。ここで、捕獲量 h が持続的捕獲量であれば、h を Y に置き換えて、

$$TC(Y, N) = \frac{a}{qN} Y \tag{5-15}$$

と表すことができる。

　最後に、資源量の関数として表す場合の総費用関数をみてみよう。このとき、（5-15）式において $h(t) = Y = r(1-N/K)N$ が成立していることから、

表 5-2 総収入関数、総支出関数の整理

	持続的捕獲量関数	総収入関数	総費用関数
持続的捕獲量 Y の関数	—	$TR(Y) = pY$ (5-12) 式	$TC(Y, N) = \dfrac{a}{qN} Y$ (5-15) 式
持続的資源量 N の関数	$Y(N) = r\left(1 - \dfrac{N}{K}\right)N$ (5-8) 式	$TR(N) = pr\left(1 - \dfrac{N}{K}\right)N$ (5-10) 式	$TC(N) = \dfrac{ar}{q}\left(1 - \dfrac{N}{K}\right)$ (5-16) 式 ※ (5-15) 式に (5-8) 式を代入
持続的捕獲努力量 E の関数	$Y(E) = qKE\left(1 - \dfrac{q}{r}E\right)$ (5-9) 式	$TR(E) = pqKE\left(1 - \dfrac{q}{r}E\right)$ (5-11) 式 ※ (5-12) 式に (5-9) 式を代入	$TC(E) = aE$ (5-13) 式

$$TC(N) = \frac{ar}{q}\left(1 - \frac{N}{K}\right) \tag{5-16}$$

と表すことができる。以上の結果を、表 5-2 にまとめる。

3. 静学的最適解の図的描写

図 5-3 には、横軸に資源量をとった場合の総収入関数 (5-10) 式と総費用関数 (5-16) 式が描かれている。TC 曲線と同じ傾きを持つ線を平行に移動して、

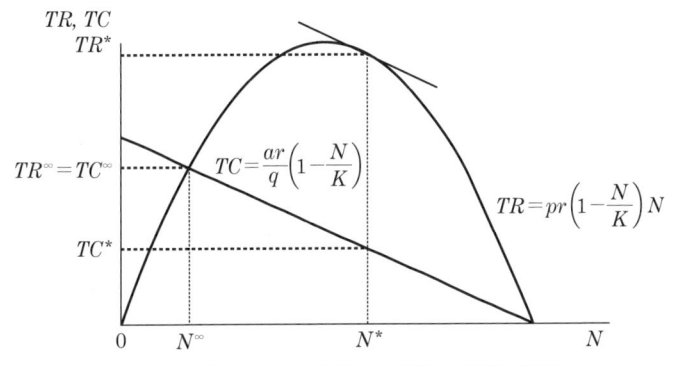

図 5-3 資源量でみた総収入関数と総費用関数

TR に接するときに利潤 $\pi = TR - TC$ は最大となるはずである。図5-3では、このことが図的に示されており、資源量が N^* のときには総収入と総費用はそれぞれ TR^* と TC^* であり、π が最大になっている。資源量が N^∞ のときには総収入と総費用は一致して（$TR^\infty = TC^\infty$）利潤はゼロとなる。

図5-4には、横軸に捕獲努力量をとった場合の総収入関数（5-11）式と総費用関数（5-13）式が描かれている。また、図5-5には、横軸に捕獲努力量をとった場合の総収入関数（5-12）式と総費用関数（5-15）式が描かれている。図5-4と図5-5の TR^*、TC^*、TR^∞、TC^∞ は図5-3と同じ水準であり、E^* と Y^* は N^* と、E^∞ と Y^∞ は N^∞ とそれぞれ対応している。また E^∞ は、ゴードンが生

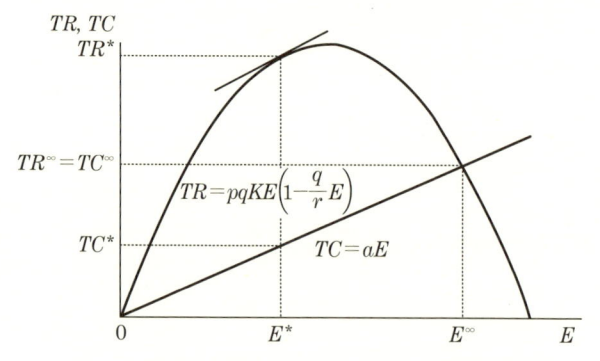

図5-4　捕獲努力量でみた総収入関数と総費用関数

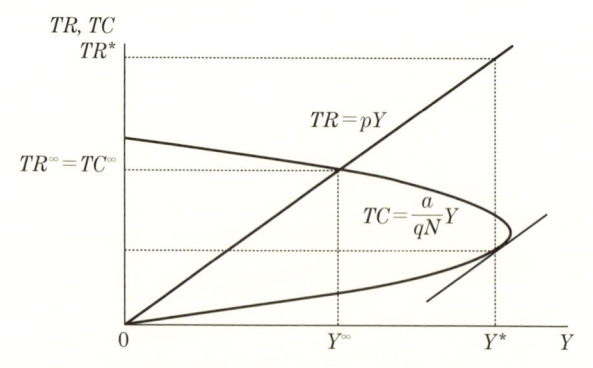

図5-5　持続的捕獲量でみた総収入関数と総費用関数

物経済的均衡 (bionomic equilibrium) と名づけた捕獲努力量水準に対応する[12]。

第3節　静学的分析

1.　静学的最適解の解析的導出

前節では、静学的に最適な持続的資源量 N^*、捕獲努力量 E^*、持続的捕獲量 Y^* が図的に示された。本節では、これらを解析的に求めよう。問題は、次のように定式化される。

$$\pi(N) = TR(N) - TC(N) \\ = pr\left(1 - \frac{N}{K}\right)N - \frac{ar}{q}\left(1 - \frac{N}{K}\right) \qquad (5\text{-}17)$$

最適化のための1階の条件から、静学的に最適な持続的資源量 N^* は、

$$N^* = \frac{K}{2} + \frac{a}{2pq} \qquad (5\text{-}18)$$

となる。(5-18) 式の右辺第1項の $K/2$ は、MSY に対応する資源量水準 N_{MSY} である。右辺第2項の値は非負なので、(5-18) 式から N^* は N_{MSY} 以上になることがわかる。また捕獲努力単位あたりの費用 a が低いほど、捕獲物の価格 p が高いほど、捕獲能率 q が高いほど N^* は N_{MSY} に近づき、a がゼロの時に N^* と N_{MSY} は一致する。

同様に、捕獲努力量を用いた場合には、問題は次のように定式化される。

$$\pi(E) = TR(E) - TC(E) = pqKE\left(1 - \frac{q}{r}E\right) - aE \qquad (5\text{-}19)$$

最適化のための1階の条件から、静学的に最適な捕獲努力量 E^* は、

$$E^* = \frac{r(pqK-a)}{2pq^2K} \tag{5-20}$$

となる。

静学的に最適な捕獲量は、$h^*=F(N^*)$ に (5-18) 式を代入して N^* を消去することで求められる。

ところで、静学的最適解として得られた N^* は、意思決定者が1人の場合に達成される資源量水準である。すなわち、ある漁場をこの1人の意思決定者が占有し、適切な利用をおこなった結果達成されるのが N^* である。こうした状況は、一見独占のように見えるが、意思決定者にとって価格が所与になっている点で、独占とは決定的に異なっている。こうした状況は、**単独所有制**と呼ばれる。

静学的最適化はゴードンに始まり、とりわけ初期の資源経済学で適用された方法であるが、そこでは、暗黙裡に、数多くの漁場をそれぞれ別の意思決定者が占有し、漁獲物は同一の市場に出荷される状況が想定されており、各意思決定者は価格需要者であると解することができる。

2. 生物経済的均衡

ゴードンの生物経済的均衡 E^∞ と、それに対応する持続的資源量 N^∞ についてみてみよう[13]。オープン・アクセス下では、経済レント（すなわち、利潤）は、(5-7)、(5-12)、(5-13) 式を用いて

$$\begin{aligned}\pi(E) &= TR(E) - TC(E) \\ &= pY - aE \\ &= (pqN-a)E\end{aligned} \tag{5-21}$$

と表せる。もし $pqN-a>0$ なら、すなわち、捕獲努力量を追加した時の限界利潤がプラスであれば、捕獲努力量を追加するインセンティブがあるため、捕獲努力の投入量は増加する。よって、最終的に、$pqN-a=0$ となるところ、つまり、

$$N^\infty = \frac{a}{pq} \tag{5-22}$$

まで、捕獲努力の投入が続く[14]。(5-22)式の資源量水準に対応する捕獲努力量がゴードンの生物経済的均衡 E^∞ である。

(5-22)式から、N^∞ は、捕獲努力単位あたり費用 a、価格 p、捕獲能率 q に依存しており、a が減少するほど、p や q が増加するほど E^∞ での資源量がゼロに近づくことがわかる。

次に、N^∞ を静学的最適解と比較してみよう。(5-18)式と(5-22)式の間には、

$$2(K-N^*) = K-N^\infty \tag{5-23}$$

という関係が成立している。この式が意味することは、N^* では、自然状態での資源量 K よりも $K-N^*$ だけ資源量が減少しているが、N^∞ では、資源量が $K-N^*$ の2倍減少している、つまり、N^* の水準と比較して、N^∞ では資源の減少量が2倍になっているということである。

同様に、E^* を用いた場合には、

$$\pi(E) = TR(E) - TC(E) = pqKE\left(1 - \frac{q}{r}E\right) - aE = 0 \text{ から、}$$

$$E^\infty = \frac{r(pqK-a)}{pq^2K} \tag{5-24}$$

となり、これは、

$$E^* = \frac{r(pqK-a)}{2pq^2K} \tag{5-25}$$

の2倍の捕獲努力量になっていることがわかる。

3. 供給曲線の導出

静学的経済モデルでの供給曲線は、図的には、図5-6のようにして導出できる。図5-6の左側は静学的最適化が達成されている場合、右側はオープン・アクセス均衡の場合である。それぞれ上図には、縦軸に総収入と総費用をとった場合が描かれ、総収入曲線については単価 p を動かして複数のケースが示されている。下図左側では限界収入と限界費用、下図右側では平均収入と平均費用をとった場合が描かれている。ただし、MR、MC、AR、AC はそれぞれ限界収入、限界費用、平均収入、平均費用であり、ここでは $MR=AR$ となっている。

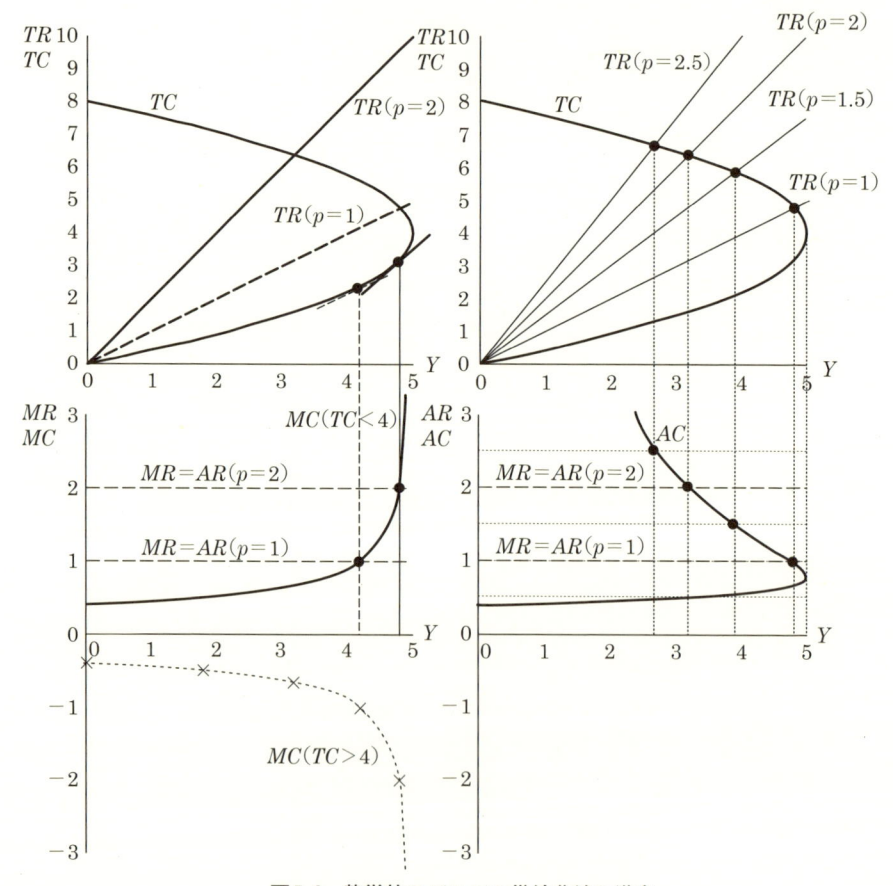

図5-6　静学的モデルでの供給曲線の導出

静学的最適化が達成されている場合には、単価 p を所与として $MR=MC$ となる捕獲量が最適な持続的捕獲量である。これは上図左側で TR と TC の傾きが一致するところであり、このときの $MR=MC$ の値と持続的捕獲量で決まる点の軌跡が、静学的最適化が達成されている時の供給曲線となる。すなわち、供給曲線は MC 曲線である。総費用が増加して N_{MSY} に対応する水準に近づくにつれて MC は次第に増加する。N_{MSY} に対応する水準未満になると（図7-12を参照のこと）、MC は負値をとることになるが（下図左側の $MC(TC>4)$ と記された曲線）、現実には、この時の MC が採用されることはない。なぜなら、同じ持続的資源量 Y^* をこれよりも低い総費用（下図左側の $MC(TC<4)$ と記された曲線）で得ることができるためである。

　オープン・アクセス均衡の場合には、$TR=TC$ となるところまで参入が起きる結果、供給曲線は AC 曲線となる。単価 p の上昇とともに N_{MSY} に対応する水準で最大の持続的捕獲量を達成した後、単価 p がさらに上昇するにつれて持続的捕獲量が減少していくことがわかる。このような後方屈曲曲線の形状を取ることが、オープン・アクセス下での生物資源の供給曲線の特徴である。

注
1) 捕獲対象になっていない齢の小魚も資源である。
2) この式は、水産資源学の分野においてラッセルの式（Russell, 1931）と呼ばれているものと、本質的に同じである。
3) 資源経済学の1分野である漁業経済学では、漁獲活動に投下された労働と資本をまとめて漁獲努力量とするのが通例である。ここでは、これに倣った。
4) 従来、捕獲努力量には統一的な定義がなされていなかった。しかし、1996年に制定された「海洋生物資源の保存及び管理に関する法律（資源管理法）」の第1条では、『漁獲努力量』とは、海洋生物資源を採捕するために行われる漁ろう作業の量であって、採捕の種類別に操業日数その他の農林水産省令で定める指標によって示されるもの」とされ、さらに、施行規則の第1条において、「農林水産省令で定める指標は、…当該採捕を行う者が使用する船舶の隻数に操業日数を乗じて得た数とする」と定義されている。
5) (5-2) 式の右辺を表す自然増加という概念は、1935年に Graham が提示したものである。
6) 能勢他（1988）p.86による。

7) Munro and Scott（1985）p.625 の指摘による。とはいえ、わが国の水産資源研究では加入量あたり漁獲モデルが多用されており、テキストなどでの解説は比較的充実している。そういう点からも、本書ではわが国ではさほど紹介されていない余剰生産量モデルをみることにする。

8) 他方で、シェーファーモデルにも、さまざまな仮定があることや、問題点が指摘されている。詳しくは、能勢（1988）p.65、松宮（1996）pp.49-50 などを参照のこと。

9) 以下、断らない限り、ロジスティック曲線という表現は、ベルウルストとパールによるものを指すものとする。

10) ロジスティック曲線を用いる静学的経済モデルは、しばしばゴードン・シェーファーモデル（Gordon-Schaefer model）と呼ばれる。

11) 慣例に倣い、捕獲率、捕獲努力率とは記さずに捕獲量、捕獲努力量などと呼ぶことにする。

12) 生物経済的均衡 E^∞ に向かって捕獲努力量が増加すること、あるいは同じことであるが個体群の大きさが N^∞ に向かって減少することが、コモンズの悲劇（オープン・アクセスの悲劇）である（Grafton *et al.*, 2004, p.109）。

13) 以下は、Clark（1999）に基づく。

14) この解は、(5-17) 式で $\pi(N)=0$ としても得られる。

第6章

動学的経済モデル

第1節 諸概念

1. ユーザー・コスト

　前章では、オープン・アクセスが可能な場合に、生物経済的均衡にまで捕獲努力量が投入され、経済的に非効率な捕獲がなされうることをみた。こうしたことが生じる理由として、(1) 捕獲者1人あたりの捕獲努力量を十分に増加可能な場合、(2) 捕獲者が際限なく参入可能な場合、(3) 以上の両方のケース、の3通りを考えることができる。反対に、少数ないしは単独の捕獲者しか参入せず、意思統一が可能な場合には、生物経済的均衡には近づかず、静学的に最適な持続的資源量と持続的捕獲量が達成されると期待できるであろう。しかし、実際には、少数の捕獲者しか操業しない状況で、オープン・アクセスのような状況が生じうることが経験的にわかってきた[1]。こうした状況は、動学的観点に立つことで理解できる。

　生物資源は自律更新的である。今期（現在）の捕獲は親の資源量を減少させることで、来期以降（将来）の資源量に影響を及ぼす。もし、今年さらに1匹多く捕獲すれば、来年の資源量はその分減少する[2]。今年捕獲することで、来年の捕獲から得られる便益を失ってしまうのである。このため、捕獲者は、今年の捕獲を控えて来年の利潤を増やそうというインセンティブを持つと考えられる[3]。

　このことを見るために、ここでは、Scott（1955）の議論を前章と整合的な形に直して概観してみる。まず、捕獲者が価格需要者であると仮定して、捕獲

物の単価をpで定数とする。上述の外部性をすべて組み込んだモデルの構築は困難なので、以下では静学的モデルを踏襲しつつストック外部性のみを考慮する。すなわち、捕獲活動の単位あたり費用が資源量の関数として$c(N)$と表されると仮定する。このとき、総収入と総費用は、持続的捕獲量Yの関数として、それぞれ$TR(Y)=pY$、$TC(Y)=c(N)Y$と表せる。

図6-1の上図には、総収入曲線と総費用曲線が描かれている。総費用曲線は、MSYに対応する持続的捕獲量$\bar{Y}$で屈曲した形状を取っている。この点に対応する総費用a以外の部分では、同じ持続的捕獲量を与える総費用の水準が2つずつ存在する（例えば、Y^*を与える総費用の水準はTC^*と$\widetilde{TC}$がある）。このうち、aよりも高い部分は、同じ持続的捕獲量をより低い総費用で達成できることから、非効率的であり、選択されない。図6-1の上図において、総収入曲線と総費用曲線の傾きが一致するY^*が、静学的に最適な持続的捕獲量であり、このときTR^*-TC^*だけのレントが発生している。

しかし、動学的観点からは、現在の捕獲によって将来の利潤が減少するであろうことを考慮せねばならない。この失われる利潤を現在割引価値になおしたものは、**ユーザー・コスト**と呼ばれる。図6-1の中図には、利潤曲線πとユーザー・コスト曲線UCが描かれている。図6-1の下図は、これらを限界ユーザー・コスト曲線MUCと限界純収入曲線$p-c(N)$になおしたものである。持続的捕獲量水準がY^{**}よりも低いときには、現在もう1匹捕獲することによる限界純収入が、将来の利潤の限界的な減少分である限界ユーザー・コストよりも高いので、捕獲を増やすべきである。反対に、持続的捕獲量水準がY^{**}よりも高いときには、限界純収入が限界ユーザー・コストよりも低いので、捕獲を減らして資源を将来に残すべきである。その結果、動学的には、限界純収入曲線と限界ユーザー・コスト曲線Y^{**}が交わる点に対応する水準が最適な持続的捕獲量となる[4]。

2. 自然資本

企業は、**他人資本**（borrowed capital）、すなわち**負債**（liability）と**自己資本**（equity capital）をあわせた**総資本**を、原材料、設備などといった**資産**

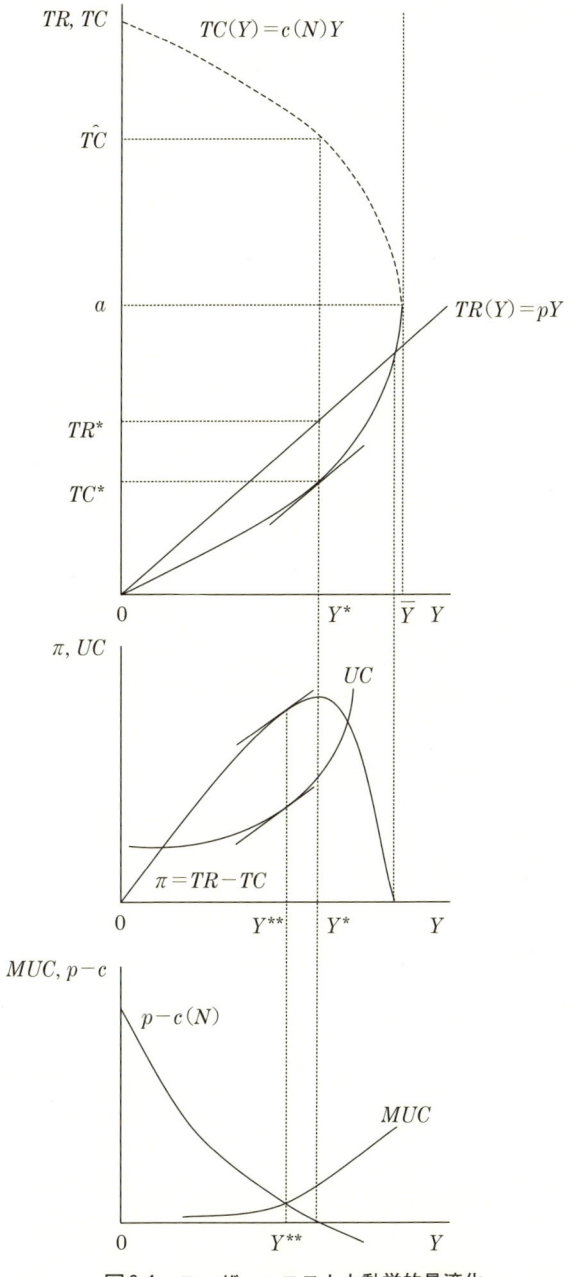

図6-1 ユーザー・コストと動学的最適化

（asset）として運用する。捕獲されたまま（例えば、活魚）、あるいは加工されて（例えば、魚の缶詰）販売される生物資源は、**自然資本**（natural capital）ないしは**自然資産**（natural asset）という一面を持っているといえる。

いま、未利用ではあるが、開発すれば採算が取れる生物資源があるとしよう[5]。単純化のために、費用は度外視し（捕獲努力量の上限は設定しない）、この生物資源の市場は完全競争市場で価格は$\bar{p}$であると仮定する。また、初期状態では、資源量は環境容量Kになっているとする。さらに、動学的に最適な持続的資源量がわかっていると仮定し、これをN^*としよう。すると収穫者は、合理的に行動するならば、操業開始とともに$K-N^*$を捕獲して次の瞬間からはN^*に対応した持続的捕獲量で捕獲をおこなうであろう。その結果、$t=0$で利潤$\pi_0=\bar{p}(K-N^*)$を獲得し、その後各期$t=i$において利潤$\pi_i=\bar{p}Y^*+\hat{p}N^*$を獲得する。ここで、$\hat{p}$は価格の上昇分あるいは下落分であり、$\hat{p}N^*$は**キャピタル・ゲイン**あるいは**キャピタル・ロス**を意味する。

ところで、π_0は初期における金額であり、π_1は第1期における金額というように、π_iは各期$t=i$における金額になっている。このため、評価する時点を統一する必要があるので、次にそのことを考えよう。

3. 割引と割引現在価値

まず、利息の支払いが離散的に発生する場合をみてみよう。いま、投資に回すことができる元金がM円あるとする。利子率がrであり、各期$100r\%$の利息が得られるとしよう。もし、利息が各期1回支払われるならば、1期後の元利合計は、M円$+M$円$\times r=(1+r)M$円となり、t期後には元利合計は$(1+r)^t$円となる。利息が各期k回支払われるならば、$\frac{1}{k}$期後の元利合計は、M円$+M$円$\times \frac{r}{k}=\left(1+\frac{r}{k}\right)M$円となり、1期後には$\left(1+\frac{r}{k}\right)^k M$円、$t$期後には$\left(1+\frac{r}{k}\right)^{kt} M$円となる。

次に、支払い回数kを無限に大きくして、支払いが連続的におこなわれる場合を考えてみよう。こうした利息の支払い方法は、**連続複利**（continuous compounding）と呼ばれる。t期後の元利合計は、先の式の極限を取ることに

よって、

$$\lim_{k\to\infty}\left(1+\frac{r}{k}\right)^{kt}M=\left(\lim_{\frac{k}{r}\to\infty}\left(1+\frac{1}{\frac{k}{r}}\right)^{\frac{k}{r}}\right)^{rt}M=\exp(rt)M \text{ 円となる}^{6)}\text{。}$$

ここで、例を考えてみよう。利子率が 0.1 で元金が 100 円のとき、利息が各期 1 回支払われるならば、1 期後の元利合計は 100 円×(1+0.1)＝110 円となる。これは、現在の 100 円よりも高くなっていることがわかる。

反対に、1 期の 110 円は、これを (1+0.1) で割ることによって、現在の価値 100 円になおすことができる。このように、将来の価値を現在の価値になおすことを**割引**（discounting）といい、割引に用いられる利子率は**割引率**（discount rate）、$\frac{1}{(1+r)^t}$ は**割引因子**（discount factor）、割り引かれて現在の価値になおされたものは**割引現在価値**（discounted present value）と呼ばれる。連続複利を用いている場合も同様にして、t 期の A 円の現在割引価値は、$A\exp(-rt)$ 円となる。

さてここで、前小節で提示した各期の利潤 π_i を、割引現在価値に統一することを考えよう。まず、利息が各期 1 回支払われる離散の場合をみてみる。各期の利潤の現在割引価値 $\frac{\pi_t}{(1+r)^t}$ を $\tilde{\pi}_i$ と表すこととし、横軸に取られた支払 1 回の長さを 1 とすれば、図 6-2 に示されるように、$\tilde{\pi}_i$ は長方形の面積で表され、割引現在価値の総和 PV は次式のように、長方形の面積の総和で表される。

$$PV=\frac{\pi_0}{(1+r)^0}+\frac{\pi_1}{(1+r)^1}+\cdots+\frac{\pi_n}{(1+r)^n}=\sum_{t=0}^{n}\frac{\pi_t}{(1+r)^t} \tag{6-1}$$

連続複利の場合には、連続的に発生する利潤の現在割引価値は図 6-3 の曲線の高さで表され、割引現在価値の総和 PV はこの曲線の下側の積分を取ることによって、次のように表される。

$$PV=\int_{0}^{n}\exp(-rt)\pi_t\,dt \tag{6-2}$$

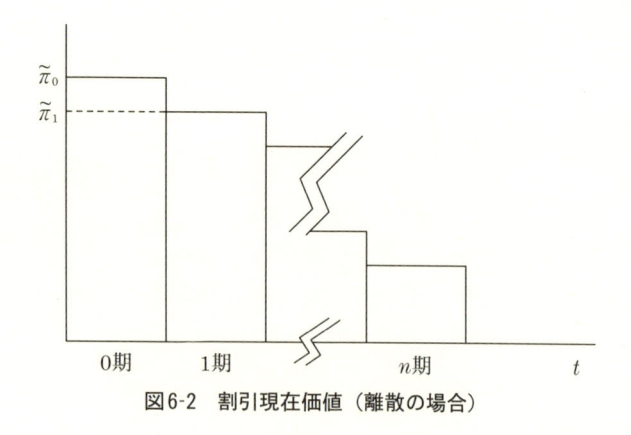

図6-2　割引現在価値（離散の場合）

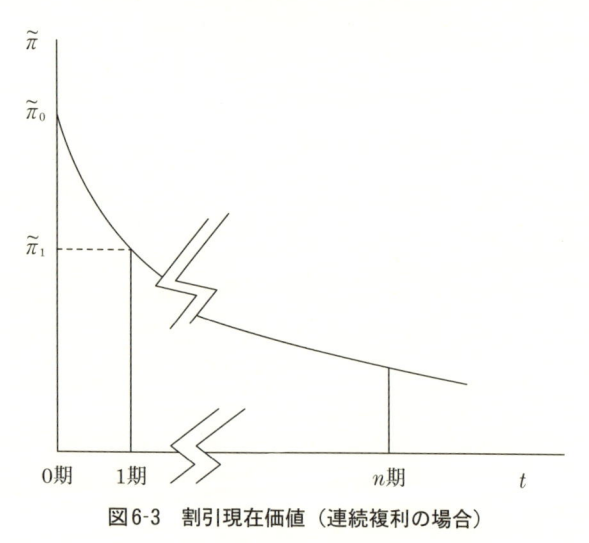

図6-3　割引現在価値（連続複利の場合）

第2節　最適化問題と黄金率

1. 定式化

　以上でみてきたように、動学の場合には、各期に利潤が発生するので、その各々を現在価値に直して総計したものが利潤の合計となり、これを最大化することが捕獲者の目的となる。捕獲者は、捕獲量hや捕獲努力量Eを変化させる

ことによって、目的関数の値を操作することができ、こうした変数は、**操作変数**（control variables）と呼ばれる。これに対し、資源量Nは操作変数に依存してその大きさが決定され、経時的に変化する変数であり、**状態変数**（state variable）と呼ばれる。本節では以下、操作変数として主にhを用いてみていくが、操作変数をEとしても得られる結果は同じである。

はじめに、割引がなされないケースについて、目的関数を最大化するのための必要条件を求めてみよう。計画期間T期（$0<T\leq\infty$）までの利潤の合計は、目的関数$\int_0^T \pi[N(t), h(t)]dt$であらわされる。捕獲者がこの式を、動態方程式は$\frac{dN(t)}{dt}=g[N(t), h(t)]$、初期（$t=0$）の資源量$N(0)=N^0$、終端（$t=T$）の資源量は$N(T)=N^T$で自由な値を取りうる、という制約の下で最大化する場合を想定する。

この問題のラグランジアンは、ラグランジュ乗数を$\lambda(t)$として、次のようになる[7]。

$$L[N(t), h(t)] = \int_0^T \pi[N(t), h(t)]dt \\ + \int_0^T \lambda(t)\left\{g[N(t), h(t)] - \frac{dN(t)}{dt}\right\}dt \tag{6-3}$$

部分積分法によって$\int_0^T \lambda(t)\frac{dN(t)}{dt}dt = \lambda(T)N(T) - \lambda(0)N(0) - \int_0^T N(t)\frac{d\lambda(t)}{dt}dt$が成立するので、これを用いて（6-3）式を変形すると、

$$L = \int_0^T \left\{H[N(t), h(t)] + N(t)\frac{d\lambda(t)}{dt}\right\}dt \\ -\{\lambda(T)N(T) - \lambda(0)N(0)\} \tag{6-4}$$

となる。ただし、ここでは**ハミルトニアン**（Hamiltonian）と呼ばれる関数であり、

$$H[N(t), h(t)] \equiv \pi[N(t), h(t)] + \lambda(t)g[N(t), h(t)] \tag{6-5}$$

と定義されている。

さて、操作変数 h を摂動させて $[h(t)+\delta h(t)]$ とすることを考えよう。この時、状態変数 N も変化して、$[N(t)+\delta N(t)]$ となる。いま、$(N(t), h(t)) = (N^*, h^*)$ という点を考える。この点で極大になるためには、(6-4) 式を摂動させた式

$$L[N^*, h^*] - L[N^* + \delta N(t), h^* + \delta h(t)] \tag{6-6}$$

がゼロになればよい。そこで、摂動させた式を $\overline{L}$ と表すとすると[8]、

$$\begin{aligned}
\overline{L} =& \int_0^T \left\{ H[N(t), h(t)] + N(t)\frac{d\lambda(t)}{dt} \right\} dt - \{\lambda(T)N(T) - \lambda(0)N(0)\} \\
& - \int_0^T \left\{ H[N(t)+\delta N(t), h(t)+\delta h(t)] + [N(t)+\delta N(t)]\frac{d\lambda(t)}{dt} \right\} dt \\
& + \{\lambda(T)[N(T)+\delta N(T)] - \lambda(0)N(0)\} \\
=& \int_0^T \left\{ H[N(t), h(t)] - H[N(t)+\delta N(t), h(t)+\delta h(t)] - \delta N(t)\frac{d\lambda(t)}{dt} \right\} dt \\
& + \lambda(T)\delta N(T) \\
=& \int_0^T \left\{ \left[-\frac{\partial H[N(t), h(t)]}{\partial N(t)} - \frac{d\lambda(t)}{dt} \right] \delta N(t) - \frac{\partial H[N(t), h(t)]}{\partial h(t)} \delta h(t) \right\} dt \\
& + \lambda(T)\delta N(T)
\end{aligned} \tag{6-7}$$

となり、$N(t) \neq 0$、$h(t) \neq 0$ の下で、極大化のための必要条件は以下のようになる。

$$\frac{d\lambda(t)}{dt} = -\frac{\partial H[N(t), h(t)]}{\partial N(t)}, \quad 0 \leq t \leq T \tag{6-8}$$

$$\frac{\partial H[N(t), h(t)]}{\partial h(t)} = 0, \quad 0 \leq t \leq T \tag{6-9}$$

$$\lambda(T) = 0 \tag{6-10}$$

(6-8) 式は MP 条件、(6-9) 式は PB 条件、(6-10) 式は**終端条件**(transversality condition) と呼ばれる。さらに、$H[N(t), h(t)]$ の定義式から、

$$\frac{dN(t)}{dt} = \frac{\partial H[N(t), h(t)]}{\partial \lambda(t)} = g[N(t), h(t)], \quad 0 \leq t \leq T \tag{6-11}$$

であり、初期条件から、

$$N(0) = N^0 \tag{6-12}$$

である。もしハミルトニアンが操作変数 $h(t)$ と状態変数 $N(t)$ に関して凹ならば、上述の必要条件は、最適化のための十分条件でもあることが知られている。

次に、割引があり、T 期までの利潤の合計が目的関数 $\int_0^T \exp(-\delta t)\pi[N(t), h(t)]dt$ であらわされる場合の必要条件を求めてみよう。この問題のラグランジアンは、ラグランジュ乗数を $\lambda(t)$ とすると、次のようになる。

$$\begin{aligned} L[N(t), h(t)] = &\int_0^T \exp(-\delta t)\pi[N(t), h(t)]dt \\ &+ \int_0^T \lambda(t)\left\{g[N(t), h(t)] - \frac{dN(t)}{dt}\right\}dt \end{aligned} \tag{6-13}$$

また、ハミルトニアンは、

$$H[N(t), h(t)] = \exp(-\delta t)\pi[N(t), h(t)] + \lambda(t)g[N(t), h(t)] \tag{6-14}$$

となる。ここで、(6-14) 式の両辺に $\exp(\delta t)$ をかけて現在価値に換算した式を $Hc[N(t), h(t)]$ とすると、

$$Hc[N(t), h(t)] = \pi[N(t), h(t)] + \mu(t)g[N(t), h(t)] \tag{6-15}$$

となる。これは、**現在価値ハミルトニアン**（present value hamiltonian、時価ハミルトニアン、経常値ハミルトニアンなどとも訳される）と呼ばれる。ただし、$\mu(t)=\exp(\delta t)\lambda$ である。最大化のための必要条件は、まず（6-8）式から、

$$\frac{d\lambda(t)}{dt} = -\frac{\partial H[N(t), h(t)]}{\partial N(t)}$$
$$= -\frac{\partial Hc[N(t), h(t)]}{\partial N(t)}\exp(-\delta t), \quad 0<t<T \quad (6\text{-}16)$$

であり、また、$\lambda(t)=\mu(t)\exp(-\delta t)$ から $\dfrac{\partial \lambda(t)}{\partial t}=\dfrac{\partial \mu(t)}{\partial t}\exp(-\delta t)-\delta\mu(t)\times\exp(-\delta t)$ なので、

$$\frac{d\mu(t)}{dt}-\delta\mu(t) = -\frac{\partial Hc[N(t), h(t)]}{\partial N(t)}, \quad 0\leq t\leq T \quad (6\text{-}17)$$

が得られる。(6-9) ～ (6-12) 式から、

$$\frac{\partial H[N(t), h(t)]}{\partial h(t)}=\frac{\partial Hc[N(t), h(t)]}{\partial h(t)}\exp(-\delta t)=0, \quad 0\leq t\leq T \quad (6\text{-}18)$$

$$\lambda(T)=\mu(T)\exp(-\delta t)=0 \quad (6\text{-}19)$$

$$\frac{dN(t)}{dt}=\frac{\partial H[N(t), h(t)]}{\partial \lambda(t)}=\frac{\partial Hc[N(t), h(t)]}{\partial \mu(t)}$$
$$=g[N(t), h(t)], \quad 0\leq t\leq T \quad (6\text{-}20)$$

$$N(0)=N^0 \quad (6\text{-}21)$$

となる。割引がない場合とある場合の最適化のための必要条件を表6-1にまとめる。

2. 資源経済学の黄金率

新古典派の経済成長理論では、定常状態の一類型として、1人当たりの消費が最大となる水準で成立する**黄金律**（golden rule）と呼ばれる式が知られて

表 6-1 最適化のための必要条件

	割引なし	割引あり
問題	$\int_0^T \pi[N(t), h(t)]dt$ s.t. $\dfrac{dN(t)}{dt}=g[N(t), h(t)]$ $N(0)=N^0, N(T)=N^T$	$\int_0^T \exp(-\delta t)\pi[N(t), h(t)]dt$ s.t. $\dfrac{dN(t)}{dt}=g[N(t), h(t)]$ $N(0)=N^0, N(T)=N^T$
MP条件	$\dfrac{\partial H[N(t), h(t)]}{\partial h(t)}=0, 0\leq t\leq T$	$\dfrac{\partial Hc[N(t), h(t)]}{\partial h(t)}=0, 0\leq t\leq T$
PB条件	$\dfrac{d\lambda(t)}{dt}=-\dfrac{\partial H[N(t), h(t)]}{\partial N(t)}$ $0\leq t\leq T$	$\dfrac{d\mu(t)}{dt}-\delta\mu(t)=-\dfrac{\partial Hc[N(t), h(t)]}{\partial N(t)}$ $0\leq t\leq T$
終端条件	$\lambda(T)=0$	$\mu(T)\exp(-\delta t)=0$
状態方程式	$\dfrac{dN(t)}{dt}=\dfrac{\partial H[N(t), h(t)]}{\partial \lambda(t)}=g[N(t), h(t)]$ $0\leq t\leq T$	$\dfrac{dN(t)}{dt}=\dfrac{\partial Hc[N(t), h(t)]}{\partial \mu(t)}=g[N(t), h(t)]$ $0\leq t\leq T$
初期条件	$N(0)=N^0$	$N(0)=N^0$

注:Shone(1997)の第6章もとに作成

いる。資源経済学では、1975年に Clark and Munro (1975) が漁業資源を対象として動学的なモデルを構築し、**修正された黄金律**(modified golden rule)を導出しており、これが今日もっとも使われている基本的なモデルの1つとなっている。ここでは、前小節で得られた最適化のための必要条件を用いて、修正された黄金律を導出し、生物資源の最適利用を考えてみよう。

これまでと同様に、捕獲物の価格は p で定数とし、捕獲活動の単位費用 c は $c(N)=\dfrac{a}{qN}$ とする((5-14)式を参照せよ)。また、以下では割引があるケースをみていくことにする。各期の利潤 $\pi[N, h]$ は $[p-c(N)]h$ となり、最大化問題は次のようになる。

$$\max_{h(t)} \int_0^\infty \exp(-\delta t)[p-c(N)]h\,dt \tag{6-22}$$

s.t.

$$\frac{dN}{dt} = F(N) - h$$

$$N(0) = N^0,\ X(t) \geq 0,\ 0 \leq h \leq h_{\max}$$

ただし、ここで δ は割引率（連続時間のときには、しばしば**瞬間的割引率**（instantaneous discount rate）と呼ばれる）であり、また計画期間 T は ∞ とする。$F(N)$ は増殖率を表す関数である。$X \geq 0$ は資源量が非負であることを、$0 \leq h \leq h_{\max}$ は捕獲量が非負であり、上限 $h_{\max}$ が存在することを意味する。

この問題の現在価値ハミルトニアンは $Hc = [p-c(N)]h + \mu(t)[F(N)-h]$ となり、MP条件とPB条件は、それぞれ次のようになる[9]。

$$p - c(N) - \mu(t) = 0 \tag{6-23}$$

$$\frac{d\mu(t)}{dt} - \delta\mu(t) = -\{-c'(N)h + \mu(t)F'(N)\} \tag{6-24}$$

これら2つの式の意味を考えてみよう[10]。(6-23) 式の $\mu(t)$ は、この問題のラグランジュ乗数（シャドー・プライス）に $\exp(\delta t)$ をかけたものであり、シャドー・プライスの現在価値となっている。$\mu(t)$ は、現在において捕獲を限界的に増加させることによって将来減少する限界的利潤の現在価値、すなわちユーザー・コストと解釈することができる。(6-23) 式は、ユーザー・コストが限界利潤 $p-c(N)$ に一致すべきことを求めている。

次に、(6-24) 式である。この式は、定常状態を想定すると解釈しやすい。定常状態では時間の経過によってユーザー・コストは変化せず一定の値をとる。このため、$\frac{d\mu(t)}{dt} = 0$ が成り立つ。そこで、これと (6-23) 式を用いて (6-24) 式を次のように書き換える。

$$\delta(p-c(N)) = (p-c(N))F'(N) - c'(N)h \tag{6-25}$$

いまさらに1匹の捕獲をすれば、限界純収入 $p-c(N)$ を得ることができる。これを投資すれば、次期には $\delta(p-c(N))$ を得ることができる。このことから、左辺は、捕獲を1匹控えて実物資本として1匹を投資することの限界機会費用を表すものと解釈できる。右辺第1項の $F'(N)$ は、実物資本として1匹を投資したときの、次期における実物の限界的増分であり、これに $p-c(N)$ をかけることで金銭に置き換えられている。右辺第2項は1匹残した時の次期の捕獲費用の限界的変化を表しており、$c'(N)<0$ であるから、$-c'(N)h$ は費用の減少分を意味する。(6-25) 式は、左辺で表される1匹残すことの限界機会費用が、右辺であらわされる1匹残すことの限界便益に一致すべきことを求めている。

次に、動学的最適解を求める。いま、持続的捕獲量が達成されているならば、$h=F(N)$ が成立する。また、$\frac{d\mu(t)}{dt}=0$ であった。これらと、(6-23) 式および (6-24) 式から、次式が成立する。

$$\frac{dF(N^*)}{dN^*}+\frac{-\dfrac{dc(N^*)}{dN^*}F(N^*)}{p-c(N^*)}=\delta \tag{6-26}$$

これが、Clark and Munro（1975）によって導出された修正された黄金律であり、以下では**資源経済学の黄金律**と呼ぶことにする。この式が意味することは、持続的資源量のうち、この式を満たすものが動学的に最適な持続的資源量であるということである（*は最適解という意味で付されている）。この式の左辺第1項は**資源の瞬間的限界生産**（instantaneous marginal product of the resource）、第2項は**限界ストック効果**（marginal stock effect, MSE）と呼ばれ、左辺全体は**自己利子率**（own rate of interest）と呼ばれる。

Clark and Munro（1975）は、この式に関して2つのこと強調している[11]。1つ目は、捕獲活動の単位費用 $c(N)$ は、ストック効果を通じてのみ最適な持続的資源量に影響することである。もし、$c(N)$ が資源量によって変化せず、かつ $c(K)<p$ ならば[12]、$c(N)$ は最適な持続的資源量に影響を与えなくなる。資源量によって変化しないとは、$c'(N)=0$ ということであり、ストック外部性

が存在しないことを意味する。

2つ目は、動学的に最適な持続的資源量N^*とMSYの時の持続的資源量N_{MSY}のいずれが大きいか、一意には決まらないことである。$F'(N_{MSY})=0$なので、N_{MSY}の時の限界ストック効果がδよりも大きいなら（小さいなら）、N^*はN_{MSY}よりも大きく（小さく）なり、δと等しいときにN^*とN_{MSY}は等しくなる。

3. 動学的最適解の実現経路

開発前の漁場では、資源量は環境容量Kの水準と考えられ、未管理の漁業なら、現状の資源量はN^*を下回っている場合が多いであろう。このように、N^*が実現されていなければ、現状の資源量をN^*の水準に調整する必要がある。

(6-22) 式で表される最大化問題のハミルトニアンは$Hc=[p-c(N)]h+\mu(t)\times[F(N)-h]$であり、操作変数に関して線形になっている。このような場合には、**バンバン制御**（bang-bang control）と**特異制御**（singular control）の組み合わせによって、最適な持続的資源量を実現し維持することが適切であることが知られている。捕獲量が$0 \leq h \leq h_{\max}$で制約されている場合、現在の個体数$N \neq N^*$をもっともはやくN^*に近づける方法は、

$$h=\begin{cases} h_{\max} & N>N^*のとき \\ 0 & N<N^*のとき \end{cases}$$

である。すなわち、現状の資源量が持続的資源量よりも多い場合には、最大の捕獲量で操業し、少ない場合には、持続的資源量が達成されるまで捕獲を控えるのが最適となる。こうした極端な管理をおこなうためにバンバン制御と呼ばれるようであり、また、この制御方法がもっとも早くN^*を実現することから、解が辿る経路は**最速接近経路**（Most Rapid Approach Path, MRAP）と呼ばれる。N^*が実現されている場合には、$h=Y$となり、N^*は特異解と呼ばれる。

図6-4では、$t=0$のときの資源量として、$N_0^2<N^*<N_0^1$の3つのケースが描かれている。N_0^1の時には、資源量がN^*になる$t=t^1$まで最大の捕獲量$h_{\max}$で操

図6-4　最速接近経路と特異解

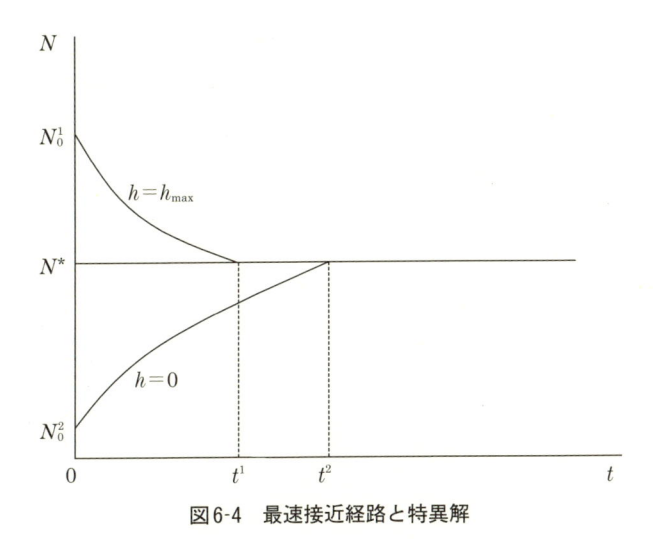

業し、反対に、N_0^2の時には、$t=t^2$まで捕獲を控え、その後捕獲量をYにしてN^*を維持するべきである。

第3節　最適解の特徴と供給曲線

1. 動学的最適解の位置づけ

次に、ここで得られた動学的最適解N^*を静学的な解と比較してみよう。$c(N^*)=\dfrac{a}{qN^*}$、$F(N^*)=r\left(1-\dfrac{N^*}{K}\right)N^*$を用いて（6-26）式を変形すると、

$$r\left(1-\frac{2N^*}{K}\right)+\frac{ar\left(1-\dfrac{N^*}{K}\right)}{pqN^*-a}=\delta \tag{6-27}$$

となる。ゴードンの**生物経済的均衡**E_∞に対応する静学的な持続的資源量N^∞は、（5-22）式から、

$$N^\infty=\frac{a}{pq} \tag{6-28}$$

である。いま、$N^\infty < N$ である N を選んで、これを N^∞ に近づけてゆくことを考えてみる[13]。(6-27) 式の左辺第1項は N の値が減少するとともに増加し、第2項は、N^∞ に近づくにつれて分母は無限に小さくなるので、第2項全体は無限に大きくなる。このことから、割引率 δ が無限に大きくなるにつれて、持続的資源量は N^∞ に近づくといえる。

(6-27) 式を N^* について解くと、

$$N^* = \frac{1}{4}\left\{\frac{a}{pq} + K\left(1 - \frac{\delta}{r}\right) + \sqrt{\left[\frac{a}{pq} + K\left(1 - \frac{\delta}{r}\right)\right]^2 + \frac{8aK\delta}{pqr}}\right\} \quad (6\text{-}29)$$

となる。この式に $\delta = 0$ を代入すると、

$$N^* = \frac{K}{2} + \frac{a}{2pq} \quad (6\text{-}30)$$

となり、静学的に最適な持続的資源量を表した (5-18) 式に一致することがわかる。

以上から、動学的に最適な持続的資源量は、割引率 $\delta = 0$ の時には静学的に最適な持続的資源量に一致し、割引率の上昇とともに減少して、割引率 $\delta = \infty$ の時に、ゴードンの生物経済的均衡 E_∞ に対応する持続的資源量 N^∞ に一致することがわかる。このことから、動学的観点からは、たとえ、単独所有制が実現していても、割引率の増加とともに資源水準が悪化して N_{MSY} 以下の資源量になり、生物学的乱獲が生じる可能性があることがわかる。

2. ストック外部性と限界ストック効果

前出の通り、捕獲活動の単位費用 $c(N)$ は $TC(E) \div h$ で定義され、$c(N) = \frac{a}{qN}$ である。この式から、個体群の大きさ N が増加（減少）するほど、捕獲活動の単位費用 $c(N)$ は減少（増加）し、これはストック外部性を表している。限界ストック効果がゼロであれば、ストック外部性は生じない。(6-26) 式では、限界ストック効果の項に $c(N^*)$ が入っている。

以下、限界ストック効果と動学的最適資源水準との関係を見てみる。まず、限界ストック効果が存在する場合と存在しない場合を比較する。図6-5の上図は、増殖率$F(N)$を描いたものであり、接線の傾きの大きさは$F'(N)$、すなわち資源の瞬間的限界生産になっている。(6-26)式を書き直すと$F'(N^*)=\delta-MSE$であり、$F'(N)$は割引率δと限界ストック効果（MSE）の和に等しくなる。$MSE>0$であるから、限界ストック効果がある場合はない場合よりも傾きの緩い点で動学的最適資源量が決まることになり、図6-5上図ではそれぞれN_2^DとN_1^Dである。すなわち、限界ストック効果があれば、いっそう資源保全的になる。

図6-5の下図は同じことを別の視点から見たものである。ここでは縦軸に、資源の瞬間的限界生産$F'(N)$が取られている。$F'(N)$は$N=0$の時にrとなり、$N=N_{MSY}$の時に0になる。図から、限界ストック効果がない場合には$F'(N)$とδが一致するN_1^Dで、限界ストック効果がある場合には$F'(N)$と$\delta-MSE$が

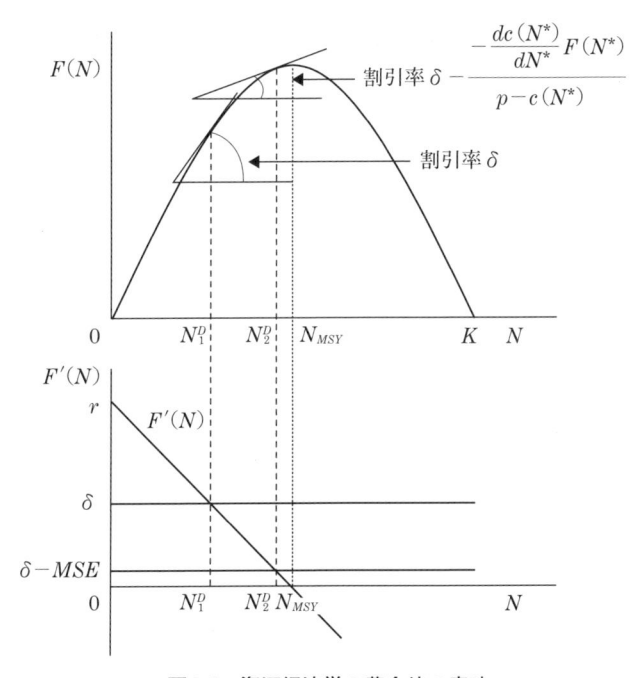

図6-5 資源経済学の黄金律の意味

一致するN_2^Dで、それぞれ動学的最適資源量が決まることがわかる。

さらに、図6-5の下図から、限界ストック効果がなく、割引率δ＞内的増殖率rとなる場合には、$N=0$、すなわち獲り尽してこの資源を絶滅させることが動学的に最適になることがわかる[14]。内的増殖率rが低ければ、資源を獲らずに残して実物資産として運用するメリットが少なく、同様に、割引率δが高ければ、捕獲して金銭資産として運用するメリットが高いため、このような結論が生じる[15]。限界ストック効果が存在する場合はその分絶滅が最適になる可能性は緩和されるものの、やはり同様のことがいえる。

すでに見たことではあるが、限界ストック効果がプラスの場合、割引率がプラスならば、動学的最適資源量N^*は、限界ストック効果の大きさと割引率の大きさの関係によって、次のように整理することができる。

$$\begin{aligned}\delta > MSE \quad &\text{ならば} \quad N^* < N_{MSY} \\ \delta = MSE \quad &\text{ならば} \quad N^* = N_{MSY} \\ \delta < MSE \quad &\text{ならば} \quad N^* > N_{MSY}\end{aligned} \quad (6\text{-}31)$$

3. 供給曲線の導出

動学的最適解が達成されている定常状態では、捕獲量は$F(N^*)=h^*$となる持続的捕獲量Y^*になっている。最適資源量は$\delta=0$の時は(6-30)式、$0<\delta<\infty$の時は(6-29)式、$\delta=\infty$の時は(6-28)式で表されるので、これらを代入してN^*を消去することによって、pとY^*の関係式を得ることができる。具体的には、以下の通りである。

$\delta=0$の時：

$$Y^* = r\left[1 - \frac{N^*}{K}\right]N^* \text{ に } N^* = \frac{K}{2} + \frac{a}{2pq} \text{ を代入} \quad (6\text{-}32)$$

$0<\delta<\infty$の時：

$$Y^* = r\left[1 - \frac{N^*}{K}\right]N^* \text{ に}$$

$$N^* = \frac{1}{4}\left\{\frac{a}{pq}+K\left(1-\frac{\delta}{r}\right)+\sqrt{\left[\frac{a}{pq}+K\left(1-\frac{\delta}{r}\right)\right]^2+\frac{8aK\delta}{pqr}}\right\} を代入 \quad (6\text{-}33)$$

$\delta = \infty$ の時：

$$Y^* = r\left[1-\frac{N^*}{K}\right]N^* に N^* = \frac{a}{pq} を代入 \quad (6\text{-}34)$$

　第7章の数値例で確認するように、これらは静学的最適化での供給曲線と対応関係を持っており、$\delta = 0$ の時には静学的最適下での限界費用曲線に一致し、$\delta = \infty$ の時にはオープン・アクセス下での平均費用曲線に一致する。

注
1) Clark（1988）の邦訳の監訳者解説を参照した。
2) 逆に、今年1匹残せば、次年に1匹残るだけでなく、その1匹の体重増加や再生産による仔稚魚の増加が期待できる。中には死亡する個体がいるが、平均的にみると、1匹捕獲を見合わせれば、翌年はそれ以上に増加していると見込めるであろう。
3) ただし、これは効率的な捕獲をおこなうインセンティブが捕獲者にある場合に限られる。例えば、オープン・アクセスの状態では、今年自分が捕獲を控えた1匹を、翌年自分が捕獲できるとは限らない。そうした懸念の下では、捕獲者はユーザー・コストを考慮するインセンティブを持たない。
4) 現在の捕獲（伐採）が将来の資源量の増加に寄与するケースがある。そうした場合には、ユーザー・コスト曲線は右下がりになる。Scott（1953）は、そうした事例として間伐を挙げている。
5) 以下は、Neher（1990）pp.26-28 を参照した。
6) $\displaystyle\lim_{a\to\infty}\left(1+\frac{1}{a}\right)^a = e$ である。
7) 以下は、主として Shone（1997）の第6章を参照した。
8) 右辺1つ目の等式において、初期値は不変なので摂動させても $N(0)$ はそのままである。
9) 有限期間問題から無限期間問題に変わっているが、MP 条件、PB 条件、得られる修正された黄金律とも両者で同一のものが得られる。
10) 以下の解釈は、Perman et al.（2003）pp.575-576 を参照した。
11) 以下の2つの指摘は、Clark and Munro（1975）pp.96-97 による。
12) ここで K は環境容量であり、この条件が満たされなければこの生物資源は開発されない

かもしれない。
13) この部分の記述は、Clark（1985）の1章の補遺を参照した。
14) この結論は、このモデルから導き出せるものであるが、他方で、その種が有する非市場価値を考慮するならば、必ずしも絶滅が最適とはならない。先述の通り、近年こうした非市場価値をモデルに組み込む研究が散見され始めている。
15) 内的増殖率が低いために絶滅が最適と判断しうる例として、南極ヒゲクジラがある（Clark, 1999, Grafton *et al.*, 2004）。また、ポリネシアの島々の中でイースター島だけが高度な文明の発展の後に急激な衰えを見せたという謎について、イースター島のヤシ林（palm forest）が、他のポリネシアの島々のものと比較して成長が非常に遅かったことが指摘されている（Brander and Taylor, 1998）。

第7章

MS-Excel を用いた数値例

第1節 生物学的モデル

1. 指数的増殖

指数的増殖は、次の（4-2）式で表された。

$$\frac{dN(t)}{dt}=r_0 N(t) \tag{4-2}$$

数値例を考えるために、ここではこの式を次のような離散式に置きなおす。

$$N_{t+1}-N_t=r_0 N_t$$

数値を用いて、指数的増殖が生じる様子をみてみよう。以下、本章では、t の時間幅を1年とする。t 年年初の個体群の大きさ $N=25$ 個体[1]、個体あたりの平均出生率 $b=0.5$／年、個体あたりの平均死亡率 $d=0.3$／年とする。このとき、内的増殖率 r_0 は、

$$r_0 = b-d = 0.5／年 - 0.3／年 = 0.2／年$$

となる。さらに、t 年の個体群の大きさの変化は[2]、

$$r_0 N_t = 0.2／年 \times 25 個体 = 5 個体／年$$

のように計算される。t年１年あたりで５個体増えたので、t+1 年の個体群の大きさは、

$$N_{t+1}=N_t+r_0N_t=25\text{ 個体}+5\text{ 個体}$$

すなわち 30 個体となる。同様にして、t+2 年の個体群の大きさは、0.2／年×30 個体＝6 個体／年なので、

$$N_{t+2}=N_{t+1}+r_0N_{t+1}=30\text{ 個体}+6\text{ 個体}$$

すなわち、36 個体となる。同様にして t+3 年以降も計算することができる。

これを、MS-Excel を用いてみてみよう。セル A1 に r、B1 に 0.2 と入力する（図 7-1）。A3 から A10 まで順に t から t+7 と入力し、B3 には 25 と入力する。B4 には、**=B3*$B$1+B3** と入力する。入力後、B4 セルをアクティブにして、マウスを B4 セルの右下に持ってゆくと、白十字が黒十字に変わるので、変わったらマウスの左ボタンを押しながら B4 セルの下方に黒十字を引っ張ってゆくと、自動的に B5 から B10 まで数式が改変されながらコピーされる。小数点以下を四捨五入すると、B4=30、B5=36、…、B10=90 となる。その結果をグラフにすると、図 7-2 のようになる。

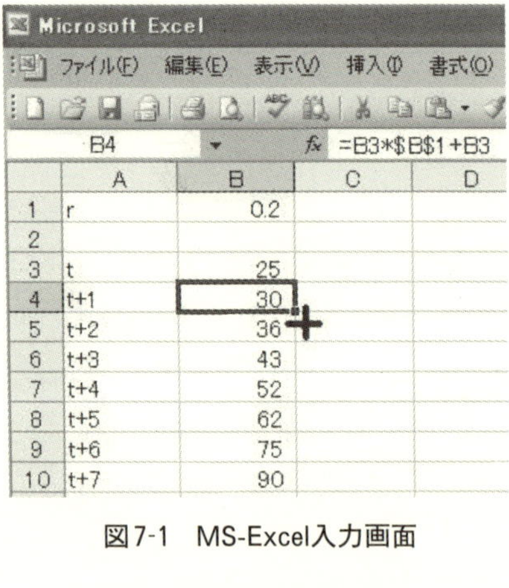

	A	B	C	D
1	r	0.2		
2				
3	t	25		
4	t+1	30		
5	t+2	36		
6	t+3	43		
7	t+4	52		
8	t+5	62		
9	t+6	75		
10	t+7	90		

図 7-1　MS-Excel入力画面

2.　ロジスティック増殖

次に、ロジスティック増殖モデルを取り上げる。先と同様に、t の時間幅を1年とし、t 年年初の個体群の大きさ N=25 個体、r=0.2／年とし、K=100 個体とする。この時、t 年の個体群の大きさの変化率 $F(N)$ は、

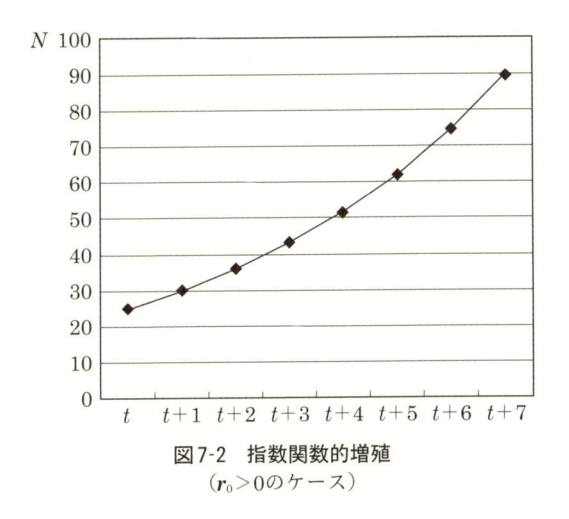

第 7 章 MS-Excel を用いた数値例　111

図7-2　指数関数的増殖
($r_0 > 0$のケース)

$$r\left[1-\frac{N}{K}\right]N = 0.2 / 年 \times \left[1-\frac{25\,個体}{100\,個体}\right] \times 25\,個体 = 3.75\,個体/年$$

と計算される。$t+1$ 年の個体群の大きさは、t 年 1 年あたりで 3.75 個体増えたので

$$N_{t+1} = 25\,個体 + 3.75\,個体 = 28.75\,個体$$

となる。同様に、t 年の年初の個体群の大きさ $N = 0$ 個体、50 個体、75 個体、100 個体のとき、$F(N)$ はそれぞれ 0 個体／年、5 個体／年、3.75 個体／年、0 個体／年となる。このようにして、個体群の大きさと個体群の大きさの変化率との関係を求めることができる。

　これを、MS-Excel を用いてみてみよう。セル A1 に r、B1 に 0.2、A2 に K、B2 に 100、A4 に N、B4 に G と入力する（図 7-3）。A5 に 0、A6 に 25 と入力したら、A5 と A6 のセルを選んでアクティブにし、先と同様にマウスの左ボタンを押しながら黒十字を A9 まで引っ張ると、N の値が 0 から 100 まで入力される。次に B5 に =**$B$1*(1−A5/$B$2)*A5** と入力してこれまでと同様に B9 までコピーする。B6=3.75、B7=5、B8=3.75、B9=0 となる。その結果をグラフにすると、図 7-4 のようになる。

図7-3　MS-Excel入力画面

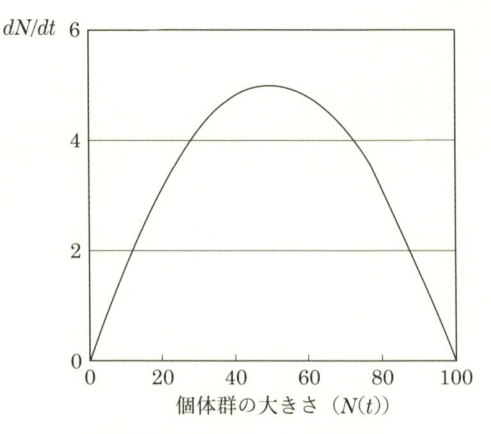

図7-4　ロジスティック方程式

次に、$t+2$年、$t+3$年の個体群の大きさを求めてみる。$t+1$年に28.75個体なので、1年間の増加量は、

$$r\left[1-\frac{N_{t+1}}{K}\right]N_{t+1} = 0.2 \diagup 年 \times \left[1-\frac{28.75個体}{100個体}\right] \times 28.75個体 \fallingdotseq 4.1個体\diagup 年$$

となる。よって、$t+2$年の個体群の大きさは、

$$N_{t+2} = N_{t+1} + r\left[1-\frac{N_{t+1}}{K}\right]N_{t+1} \fallingdotseq 28.75個体 + 4.1個体 = 32.85個体$$

となる。同様にして$t+3$年以降も計算することができる。

これを、MS-Excelを用いてみてみよう。セルA1にr、B1に0.2、A2にK、B2に100と入力する（図7-5）。A4からA16まで順にtから$t+12$と入力し、B4には25と入力する。B5には、=$B$1*(1−B4/$B$2)*B4+B4と入力して、これまでと同様にB28までコピーする。B5=29、B6=33、…、B28=98となる。その結果をグラフにすると、図7-6のようになる。

図7-6から、個体群の大きさNは、次第に増加して環境容量Kに値が近づいていくことがわかる。詳細は省略するが、NがKよりも大きな値の場合、次第に減少してやはりKに近づいていく。離散的に計算した場合、Kに完全に一

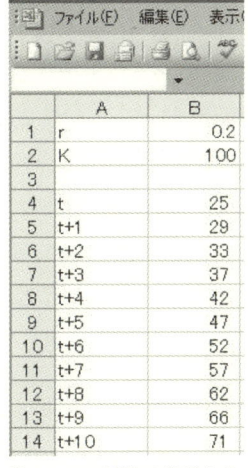

第 7 章　MS-Excelを用いた数値例　113

	A	B
1	r	0.2
2	K	100
3		
4	t	25
5	t+1	29
6	t+2	33
7	t+3	37
8	t+4	42
9	t+5	47
10	t+6	52
11	t+7	57
12	t+8	62
13	t+9	66
14	t+10	71

注：$t+11$以降は省略した。

図7-5　MS-Excel入力画面

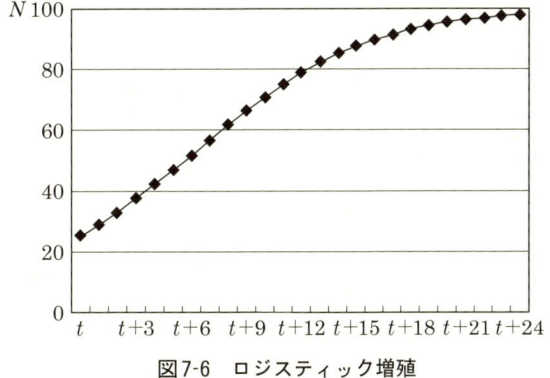

図7-6　ロジスティック増殖
（$r_0>0$のケース）

致する場合、Kには一致しないが近くでサイクルを描く場合、カオスが生じる場合が起こりうる[3]。

第2節　経済モデル

1．捕獲量が定数の場合

ここからは、シェーファーモデルを用いて捕獲がある場合をみていく。シェーファーモデルは（5-6）式で表された。

$$\frac{dN}{dt}=r\left[1-\frac{N}{K}\right]N-h \tag{5-6}$$

いま、tの時間幅を1年としているので、捕獲率hはt年の捕獲量を表していることになる。先と同様に、$r=0.2$／年、$K=100$トンとする。捕獲量hは時間tとともに変化し、また、（5-7）式で表されるように、個体群の大きさと捕

獲努力量の関数と想定するのが一般的である。しかし、まずは捕獲量が定数の場合を見てみる。

図7-7には、捕獲量 h が3.75頭／年の場合が描かれている。個体群の大きさ N が25頭の時、先の計算から t 年の個体群の大きさの変化量 $F(N)$ は3.75頭／年であった。このため、t 年の個体群の大きさが25頭ならば、$F(N)=h=$ 3.75頭／年となり、増加しただけ捕獲されるので、$t+1$ 年の個体群の大きさは再び25頭となる。$t+2$ 年以降も同様である。この時、$N=25$ 頭が持続的資源量、$h=3.75$ 頭／年が持続的捕獲量（他の捕獲量と区別して、適宜 Y と記す）である。

注：h は特定の値に設定されている。

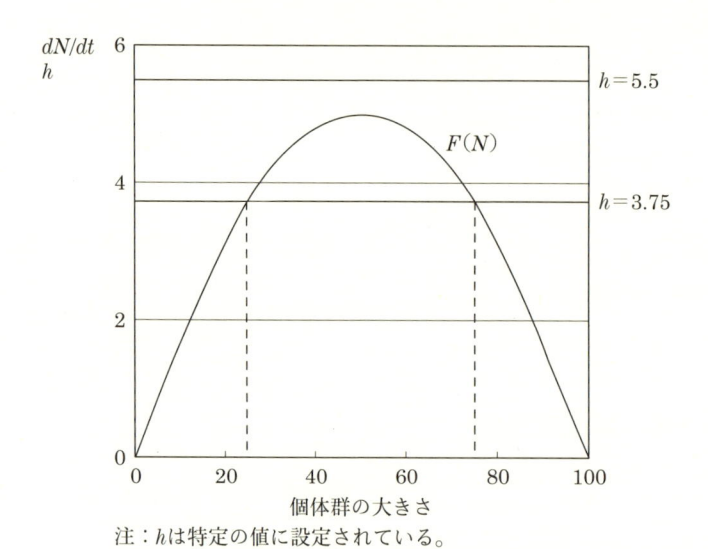

図7-7　捕獲がある時の個体群の大きさの変化

次に、$h=3.75$ 頭／年で $N<25$ 頭の場合と $N>25$ 頭の場合を考える。前者の場合、図7-7から明らかなように、$F(N)<h$ となっているので、$t+1$ 年の個体群の大きさは、この差 $h-F(N)$ の分だけ減少する。$t+2$ 年以降も同様である。他方で、後者の場合、$F(N)>h$ となっているので、$t+1$ 年の個体群の大きさは、この差 $F(N)-h$ の分だけ増加する。$t+2$ 年以降も同様である。いずれの場合にも、時間の経過とともに、個体群の大きさは25頭から遠ざかって

いく。このように、$N=25$ 頭という点は $h=3.75$ 頭／年という捕獲量とセットになって持続的資源量をもたらすものの、不安定な均衡点（ルペラー）になっていることがわかる。

$F(N)=h=3.75$ 頭／年となるような持続的捕獲量をもたらす点はもう1つ存在しており、個体群の大きさ N が75頭の時である。$N=75$ 頭と $h=3.75$ 頭／年は、持続的資源量と持続的捕獲量の組み合わせである。この組み合わせにおいて、同様に、$N<75$ 頭の場合と $N>75$ 頭の場合を考える。すると今度は、前者では $F(N)>h$ となっているので、$t+1$ 年の個体群の大きさは、この差 $F(N)-h$ の分だけ増加する。他方で後者の場合には、$F(N)<h$ となっているので、$t+1$ 年の個体群の大きさは $h-F(N)$ の分だけ減少する。いずれの場合にも、時間の経過とともに、個体群の大きさは75頭に近づいていく。このように、75頭という点は、安定的な均衡点（アトラクター）になっていることがわかる。

図7-7には、捕獲量 h が5.5頭／年のケースも描かれている。この時には、常に $F(N)<h$ となっているため、時間の経過とともに、個体群の大きさは0に近づいていく。

2. 捕獲量が関数の場合

捕獲量は（5-7）式で表されるように、個体群の大きさと捕獲努力量の関数であり、$\alpha=\beta=1$ とすると、

$$h=qEN \qquad (5\text{-}7)$$

と表される。ここで q は捕獲能率である。個体群の大きさ N、捕獲努力量 E、捕獲能率 q が大きいほど、捕獲量も多くなる。しかし、これらの値を同時に動かすのは煩雑であるので、本小節では q は定数とした上で、個体群の大きさもしくは捕獲努力量のいずれか一方をある値に設定して、他方を変化させてみる。この時、図7-7は図7-8のように修正される。

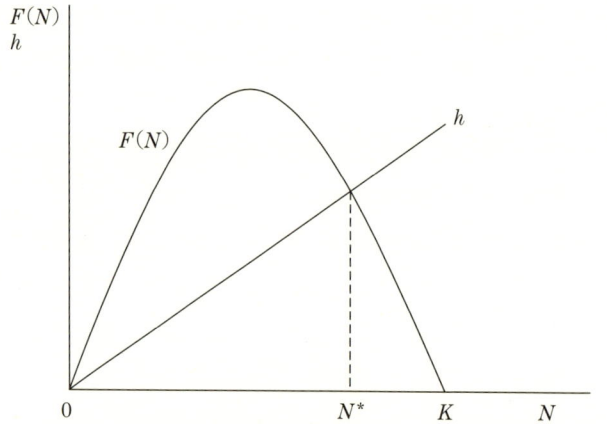

注：hはNの関数で、Eは特定の値に設定されている。横軸にEをとった場合には、hはEの関数で、Nは特定の値に設定されることになる。

図7-8　捕獲がある時の個体群の大きさの変化

(5-6) 式と (5-7) 式から、

$$\frac{dN}{dt}=r\left(1-\frac{N}{K}\right)N-qEN$$

であり、定常状態（$h=F(N^*)$）では毎年の資源量は変化しないから、$dN/dt=0$なので、上の式をゼロと置いて解くと、$N=0$ および $N=K(1-qE/r)$ が得られる。$N=0$ では捕獲はなされない。$N=K(1-qE/r)$ では、$1-qE/r>0$ ならば、図7-8に示されるような$N^*>0$となる値があり、これがこの時の持続的資源量である。

捕獲努力量Eを固定した時に、個体群の大きさに応じて$F(N)$とhがどのようになるかを数値例を用いて見てみよう。いま、$E=16$SFUであるとする。ここで、SFU（standardized fishing unit）は捕獲努力量Eの単位である。また、以下では設定値を若干変更して、内的増殖率$r=0.2$／年、環境容量$K=100$トン、捕獲能率$q=0.005$／SFU／年とする。この時、Nを0トンから100トンまで動かす。例えば、$N=90$トンの時には、次のように計算される。

第 7 章 MS-Excel を用いた数値例　117

$$F(N) = r\left(1 - \frac{N}{K}\right)N = 0.2／年 \times \left(1 - \frac{90 \text{トン}}{100 \text{トン}}\right) \times 90 \text{トン} = 1.8 \text{トン}／年$$

$$h = qEN = \frac{0.005}{\text{SFU} \times 年} \times 16\text{SFU} \times 90 \text{トン} = 7.2 \text{トン}／年$$

同様に、個体群の大きさ N を 60 トンと固定した場合、E を 8SFU から 16SFU まで動かす。例えば、$E=8\text{SFU}$ の時には、次のように計算される。

$$Y = qEK\left(1 - \frac{q}{r}E\right) = \frac{0.005}{\text{SFU} \times 年} \times 8\text{SFU} \times 100 \text{トン}$$

$$\times \left(1 - \frac{\frac{0.005}{\text{SFU} \times 年}}{0.2／年} \times 8\text{SFU}\right) = 3.2 \text{トン}／年$$

$$h = qEN = \frac{0.005}{\text{SFU} \times 年} \times 8\text{SFU} \times 60 \text{トン} = 2.4 \text{トン}／年$$

これを、MS-Excel を用いてみてみよう。セル A2 に r、B2 に K、C2 に q、D2 に E、A5 に N、B5 に G(N)、C5 に h、E5 に rN、F5 に 1−N/K、A3 に 0.2、B3 に 100、C3 に 0.005、D3 に 16 と入力する（図 7-9）。A6 に 0、A7 に 10 と入れ、これらを選択して A16 までコピーする。B6 に＝**E6*F6**、C6 に＝**\$C\$3*\$D\$3*A6**、E6 に＝**\$A\$3*A6**、F6 に＝**1−A6/\$B\$3** と入力し、B6 から F6 を選択してこれらを B16 から F16 までコピーする。これで、$E(t)$ を 16SFU に固定した時の、$F(N(t))$ と $h(t)$ の関係が求められた（図 7-9 の B6 〜 C16）。

同様に、H2 に N、H5 に E、I5 に Y、J5 に h、L5 に 1-qE/r と入力する（図 7-9）。H3 に 60、H6 に 0、H7 に 4 と入れ、H6 と H7 を選択して H16 までコピーする。I6 に＝**\$C\$3*\$B\$3*H6*L6**、J6 に＝**\$C\$3*H6*\$H\$3**、L6 に＝**1−\$C\$3*H6/\$A\$3**、と入力し、I6 から L6 を選択して、これらを I16 から L16 までコピーする。これで、N を 60 トンに固定したときの、$F(N)$ と E の関係が求められた。図 7-10 は、こうして求めた関係を図に表したものである。

図7-9 　MS-Excel入力画面

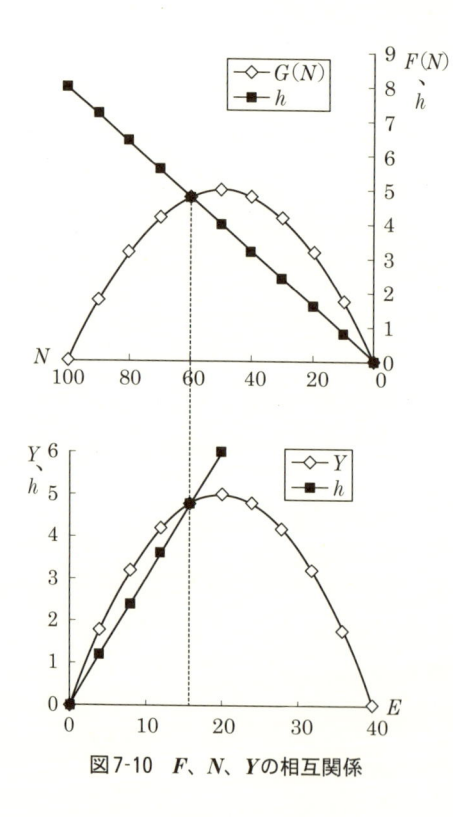

図7-10 　F、N、Yの相互関係

ところで、図7-9において、Eを16SFUに固定すると（セルD3=16）、N=60トンの時に$F(N)$=h=4.8トン/年となって一致する。よって、Nを固定するときにはN=60トンに設定されている（セルH3）。Eを16SFU以外あるいはNを60トン以外に設定すると、こうした関係が成立しないことを確認していただきたい。

以上のようにして、$F(N)$=h=YとなるNとEの組み合わせを探すことができる。図7-11は、この方法でNを0トンから100トンまで（Eを0SFUから40SFUまで）変えたときの持続的捕獲量Yを達成する組み合わせを整理したものである。図7-9に示したシートは、図7-11の一部と対応している。

Microsoft Excel

ファイル(F)　編集(E)　表示(V)　挿入(I)　書式(O)　ツール(T)

	A	B	C	D	E	F
1						
2	r	K	q	a	p	
3	0.2	100	0.005	0.2	2	
4						
5	N*	E*	Y	TR	TC	レント
6	0	40	0	0	8	-8
7	10	36	1.8	3.6	7.2	-3.6
8	20	32	3.2	6.4	6.4	0
9	30	28	4.2	8.4	5.6	2.8
10	40	24	4.8	9.6	4.8	4.8
11	50	20	5	10	4	6
12	60	16	4.8	9.6	3.2	6.4
13	70	12	4.2	8.4	2.4	6
14	80	8	3.2	6.4	1.6	4.8
15	90	4	1.8	3.6	0.8	2.8
16	100	0	0	0	0	0

図7-11　持続的捕獲量とレント

3.　静学的最適化

いま、先の設定値（内的増殖率 r＝0.2／年、環境容量 K＝100 トン、捕獲能率 q＝0.005／ SFU・年）に加えて、捕獲努力単位あたり費用 a＝0.2 円／SFU・年[4)]、単価 p=2 円／トンとする。

図 7-11 には、それぞれの組み合わせでの総収入 TR と総費用 TC も示されている。総収入は、(5-10) 式～ (5-12) 式、総費用は (5-13) 式、(5-15) 式、(5-16) 式を用いて得ることができ、互いに一致する。総収入についてのみ、数値例でみておこう。N＝60 トン、Y＝4.8 トン／年、E＝16SFU の組み合わせの場合、

$$TR(Y)=pY=\frac{2\text{円}}{\text{トン}}\times 4.8\text{トン／年}=9.6\text{円／年}$$

$$TR(N)=pr\left[1-\frac{N}{K}\right]N=\frac{2\text{円}}{\text{トン}}\times\frac{0.2}{\text{年}}\times\left[1-\frac{60\text{トン}}{100\text{トン}}\right]\times 60\text{トン}=9.6\text{円／年}$$

$$TR(E) = pqKE\left[1-\frac{q}{r}E\right] = \frac{2\text{円}}{\text{トン}} \times \frac{0.005}{\text{SFU}\times\text{年}} \times 100\text{トン}$$

$$\times 16\text{SFU} \times \left[1 - \frac{\frac{0.005}{\text{SFU}\times\text{年}}}{\frac{0.2}{\text{年}}} \times 16\text{SFU}\right] = 9.6\text{ 円／年}$$

となり、いずれの式を用いても、9.6円／年となることがわかる。他の総収入や総費用も同様に計算でき、3式の結果は一致する。

図7-11の最右列のレントは、こうして計算した総収入から総費用を差し引いた値である。表から、レントが最大になるのは、$N=60$トン、$Y=4.8$トン／年、$E=16$SFU の組み合わせの時であることがわかる。これを、数式および図を用いてみてみよう。静学的最適資源量を求める（5-18）式から、

$$N^s = \frac{K}{2} + \frac{a}{2pq} = \frac{100\text{トン}}{2} + \frac{\frac{0.2\text{円}}{\text{SFU}\times\text{年}}}{2 \times \frac{2\text{円}}{\text{トン}} \times \frac{0.005}{\text{SFU}\times\text{年}}} = 60\text{トン}$$

となる。次に、静学的持続的捕獲量は、

$$Y = r\left(1 - \frac{N}{K}\right)N = \frac{0.2}{\text{年}} \times \left(1 - \frac{60\text{トン}}{100\text{トン}}\right) \times 60\text{トン} = 4.8\text{トン／年}$$

となる。この時の、捕獲努力量は、

$$E = \frac{Y}{qN} = \frac{\frac{4.8\text{トン}}{\text{年}}}{\frac{0.005}{\text{SFU}\times\text{年}} \times 60\text{トン}} = 16\text{SFU}$$

である。

図7-12は、図7-11で求めた総収入と総費用を図示したものである。限界収入と限界費用の傾きが一致する点で静学的最適解が得られていることが、図的に示されている。

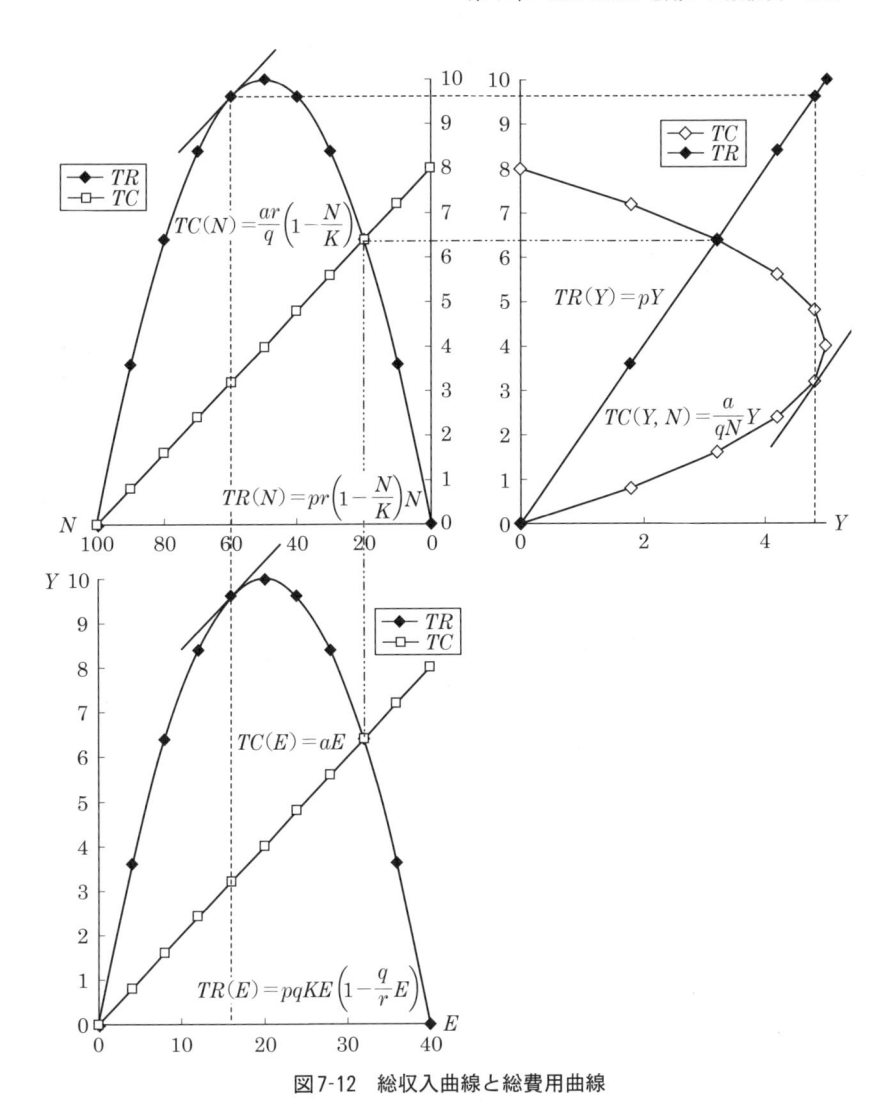

図7-12 総収入曲線と総費用曲線

最後に、図7-11のセル入力方法をまとめておこう。セル D6、E6、F6 にそれぞれ＝\$E\$3*C6、＝\$D\$3*B6、＝D6−E6 と入力し、D6 から F6 を選択して、これらを D16 から F16 までコピーすればよい。

4. オープン・アクセス均衡

　ここでも、数式および図を用いて、オープン・アクセス均衡を求めてみる。オープン・アクセス均衡は総収入＝総費用となる時に達成される。数式では(5-22)式および(5-24)式で与えられ、次のようになる。

$$N^\infty = \frac{a}{pq} = \frac{\dfrac{0.2\,\text{円}}{\text{SFU}\times\text{年}}}{\dfrac{2\,\text{円}}{\text{トン}} \times \dfrac{0.005}{\text{SFU}\times\text{年}}} = 20\text{トン}$$

$$E^\infty = \frac{r[pqK-a]}{pq^2K} = \frac{\dfrac{0.2}{\text{年}} \times \left[\dfrac{2\,\text{円}}{\text{トン}} \times \dfrac{0.005}{\text{SFU}\times\text{年}} \times 100\text{トン} - \dfrac{0.2\,\text{円}}{\text{SFU}\times\text{年}}\right]}{\dfrac{2\,\text{円}}{\text{トン}} \times \left[\dfrac{0.005}{\text{SFU}\times\text{年}}\right]^2 \times 100\text{トン}}$$

$$= 32\text{SFU}$$

また、この時の持続的捕獲量は、

$$Y = qEN = \frac{0.005}{\text{SFU}\times\text{年}} \times 32\text{SFU} \times 20\text{トン} = 3.2\text{トン}／\text{年}$$

となる。これらは、図7-11と一致し、図7-12において、総収益＝総費用となる点に対応していることを確認していただきたい。

5. 動学的最適化

　動学的最適化では、割引率の値によって、静学的最適化と次のような対応関係があった。まず、割引率 $\delta = 0$ の時には、現在と将来に同じ重みづけがなされており、動学的最適化の解と静学的最適化の解が一致する。次に、割引率 $\delta = \infty$ の時には、将来には関心が寄せられず短期的な視野に立った行動がなされ、動学的最適化の解は静学的分析におけるオープン・アクセス解に一致する。最後に、割引率 δ が有限の時には、静学的最適解とオープン・アクセス解の間になる。

動学的最適化では、(6-29) 式を用いて N を求めることができる。

$$N^* = \frac{1}{4}\left\{\frac{a}{pq} + K\left(1-\frac{\delta}{r}\right) + \sqrt{\left[\left(\frac{a}{pq}+K\left(1-\frac{\delta}{r}\right)\right]^2 + \frac{8aK\delta}{pqr}}\right\} \quad (6\text{-}29)$$

すでに見たように、(6-29) 式に $\delta=0$ を代入すると、$N^* = \frac{K}{2} + \frac{a}{2pq}$ となり、静学的最適解と一致する。本章の数値設定値の下では、すでに計算したとおり、$N^*=60$ トンとなる。同様に、オープン・アクセス下では、$N^\infty = \frac{a}{pq}$ となり、これもすでに計算したとおり、$N^\infty=20$ トンとなる。

図7-13は、これまでと同じ数値設定値の下で、割引率 δ を 0、0.01、0.1、1、∞ とした時の、動学的最適解と TR の組み合わせを示したものである。$\delta=0.067$ のとき、N_{MSY} となり、割引率がそれ以上ならば N_{MSY} 以上の資源量が最適となる。逆に、割引率がそれよりも高ければ N_{MSY} 未満の資源量が最適となり、高くなるにつれて、オープン・アクセス均衡に近づいていくことがわかる。

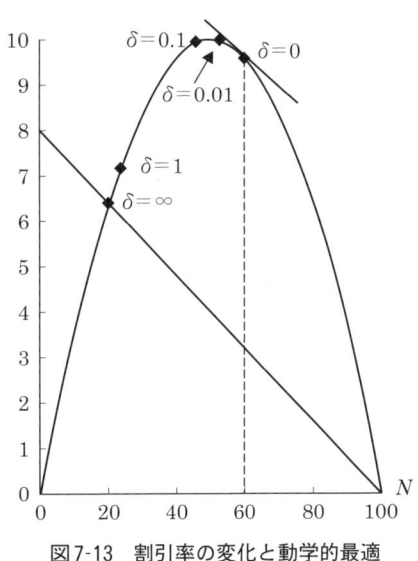

図7-13 割引率の変化と動学的最適

6. 供給曲線

ここでは、静学的最適化および動学的最適化での供給曲線を導出する。これまでと同じ数値設定値を用いる。静学的最適化の時には、静学的均衡では MC 曲線が、オープン・アクセス均衡では AC 曲線が、それぞれ供給曲線であった。まず、MC 曲線を導出する。そのために、図7-12の右側の TR、TC と Y の関係を描いたグラフの縦軸と横軸を入れ替えて、これを数式で表すと、

$$Y = -0.3125TC^2 + 2.5TC$$

である。この式を TC で微分してその逆数を取ることで、MC 曲線を導出することができる。すなわち、

$$\frac{dTC}{dY}=\frac{1}{-6.25TC+2.5}$$

である。他方で、AC 曲線は TC を Y で割った値であるから、$AC=a/qN$ である。

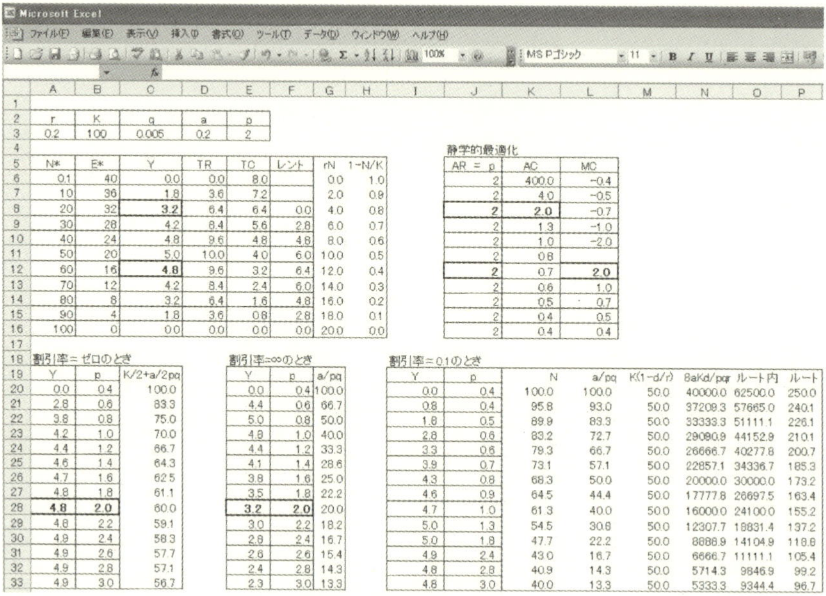

r	K	q	a	p
0.2	100	0.005	0.2	2

N*	E*	Y	TR	TC	レント	rN	1−N/K
0.1	40	0.0	0.0	8.0		0.0	1.0
10	36	1.8	3.6	7.2		2.0	0.9
20	32	**3.2**	6.4	6.4	0.0	4.0	0.8
30	28	4.2	8.4	5.6	2.8	6.0	0.7
40	24	4.8	9.6	4.8	4.8	8.0	0.6
50	20	5.0	10.0	4.0	6.0	10.0	0.5
60	16	**4.8**	9.6	3.2	6.4	12.0	0.4
70	12	4.2	8.4	2.4	6.0	14.0	0.3
80	8	3.2	6.4	1.6	4.8	16.0	0.2
90	4	1.8	3.6	0.8	2.8	18.0	0.1
100	0	0.0	0.0	0.0	0.0	20.0	0.0

静学的最適化

AR = p	AC	MC
2	400.0	−0.4
2	4.0	−0.5
2	**2.0**	−0.7
2	1.3	−1.0
2	1.0	−2.0
2	0.8	
2	0.7	**2.0**
2	0.6	1.0
2	0.5	0.7
2	0.4	0.5
2	0.4	0.4

割引率＝ゼロのとき

Y	p	K/2+a/2pq
0.0	0.4	100.0
2.8	0.6	83.3
3.8	0.8	75.0
4.2	1.0	70.0
4.4	1.2	66.7
4.6	1.4	64.3
4.7	1.6	62.5
4.8	1.8	61.1
4.8	**2.0**	60.0
4.8	2.2	59.1
4.9	2.4	58.3
4.9	2.6	57.7
4.9	2.8	57.1
4.9	3.0	56.7

割引率＝∞のとき

Y	p	a/pq
0.0	0.4	100.0
4.4	0.6	66.7
5.0	0.8	50.0
4.8	1.0	40.0
4.4	1.2	33.3
4.1	1.4	28.6
3.8	1.6	25.0
3.5	1.8	22.2
3.2	**2.0**	20.0
3.0	2.2	18.2
2.8	2.4	16.7
2.6	2.6	15.4
2.4	2.8	14.3
2.3	3.0	13.3

割引率＝0.1のとき

Y	p	N	a/pq	K(1−d/r)	8aKd/pqr	ルート内	ルート
0.0	0.4	100.0	100.0	50.0	40000.0	62500.0	250.0
0.8	0.4	95.8	93.0	50.0	37208.3	57665.0	240.1
1.8	0.5	89.9	83.3	50.0	33333.3	51111.1	226.1
2.8	0.6	83.2	72.7	50.0	29090.9	44152.9	210.1
3.3	0.6	79.3	66.7	50.0	26666.7	40277.8	200.7
3.9	0.7	73.1	57.1	50.0	22857.1	34336.7	185.3
4.3	0.8	68.3	50.0	50.0	20000.0	30000.0	173.2
4.6	0.9	64.5	44.4	50.0	17777.8	26697.5	163.4
4.7	1.0	61.3	40.0	50.0	16000.0	24100.0	155.2
5.0	1.3	54.5	30.8	50.0	12307.7	18831.4	137.2
5.0	1.8	47.7	22.2	50.0	8888.9	14104.9	118.8
4.9	2.4	43.0	16.7	50.0	6666.7	11111.1	105.4
4.8	2.8	40.9	14.3	50.0	5714.3	9846.9	99.2
4.8	3.0	40.0	13.3	50.0	5333.3	9344.4	96.7

図7-14　供給曲線の導出

これらを用いて、静学的最適化での供給曲線を求めてみよう。図 7-14 は、図 7-11 と一部同じ結果となっている。ここではより簡易に N^*、Y^*、E^* を求めよう。計算されないケースを除去するため、セル A6 には 0 の代わりに 0.1 が入力されている。A7 〜 A16 には 10 から 100 までが入力されている。まず、この N^* の値に対応する Y^* を求めるために、G6、H6 にそれぞれ **=$A$3*A6**、**=1−A6/$B$3** と入力し、16 行までコピーする。次に、C6 に **=G6*H6** と入力して C16 までコピーする。続いて、E^* を求めるために、B6 に **=C6/$C$3/A6**

と入力し 16 行までコピーする。残りの TC と TR、レントは、D6、E6、F6 に =**\$E\$3*C6**、=**\$D\$3*B6**、=**D6−E6** と入力し、これを 16 行までコピーする。

以上で求めた値を用いて、AR 曲線、AC 曲線、MC 曲線を求める。AR 曲線は TR を Y で割った値であるから、$AR=pY/Y=p$ である。よって、J6 に =**\$E\$3** と入力して 16 行までコピーする。AC 曲線と MC 曲線は上述の通りであり、K6、L6 にそれぞれ =**\$D\$3/\$C\$3/A6**、=**1/(−0.625*E6+2.5)** と入力し、16 行までコピーする。

この結果から、オープン・アクセス均衡では、$p=AC=2$ であり、この時の $N^*=20$、$Y^*=3.2$、$E^*=32$ となって先の結果と一致することが確認できる。また、レントは 0 になっている。同様に、静学的最適水準では、$p=MC=2$ であり、この時の $N^*=60$、$Y^*=4.8$、$E^*=16$ となって、先の結果と一致することが確認できる。また、レントは最大の 6.4 になっている。

次に、動学的最適化での供給曲線を求めてみよう。割引率 δ が 0、$0<\delta<\infty$、∞ の時の供給曲線の求め方は（6-32）式～（6-34）式の通りである。これらの式を入力する。B20、F20、J20 に 0.4 と入力する[5]。33 行までは 0.2 ずつ値を増やしながら数値を入力する[6]。続いて、これらの p を所与として、N^* を計算する。C20、G20 にそれぞれ =**\$B\$3/2+\$D\$3/2/B20/\$C\$3**、=**\$D\$3/F20/\$C\$3** と入力し、それぞれ 33 行までコピーすると、$\delta=0$ および ∞ の時の N^* が計算される。$0<\delta<\infty$ のケースは式が複雑であるので、部分に分けて計算して合算する。K20、L20、M20、N20、O20、P20 にそれぞれ =**(1/4)*(L20+M20+P20)**、=**\$D\$3/J20/\$C\$3**、=**\$B\$3*(1−\$X20/\$A\$3)**、=**8*\$D\$3*\$B\$3*\$X20/J20/\$C\$3/\$A\$3**、=**(L20+M20)^2+N20**、=**O20^(1/2)** と入力し、33 行までコピーする。最後に、Y^* を計算する。A20、E20、I20 にそれぞれ =**\$A\$3*(1−C20/\$B\$3)*C20**、=**\$A\$3*(1−G20/\$B\$3)*G20**、=**\$A\$3*(1−K20/\$B\$3)*K20** と入力し、33 行までコピーする。

この結果から、$\delta=0$ のケースでは、$p=2$ の時に $Y=4.8$、$N=60$（C28）となっていることが確認できる。同様に、$\delta=\infty$ のケースでは、$p=2$ の時に $Y=3.2$、$N=20$ となっていることが確認できる。これらの値はもちろん、他の値についても、静学的最適化の最適解およびオープン・アクセス均衡が、それぞ

れ動学的最適化のδ＝0および∞のケースの値と一致することが、図7-14で確認できる。

最後に、これらのグラフを描いたものが、図7-15と7-16である。数値の設定が荒いため、これらの図は完全には一致していないが、図7-15についてはN^*、図7-16についてはpのとり方を小さくすることで精度が高い図にすれば、両者が一致することが図的に理解されるであろう。

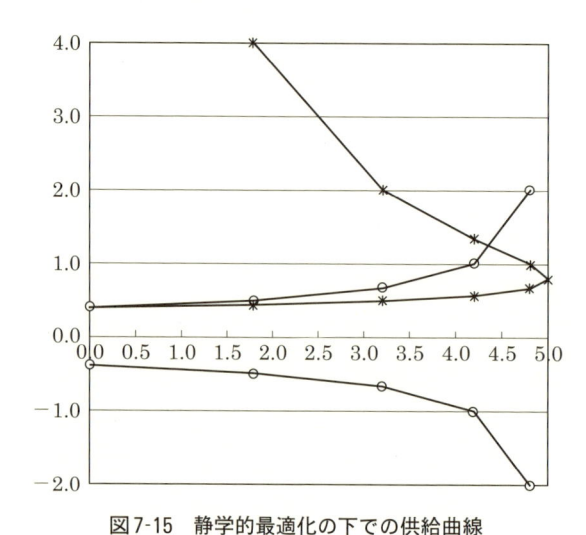

図7-15　静学的最適化の下での供給曲線

図7-16　動学的最適化の下での供給曲線

注

1) 理論的に求めた値であるため、以下の数値例では、個体群の大きさなどとして小数が出ることがある。
2) 以下では、適宜変化率という用語を用いるものの、実際の計算では変化量を算出する。
3) Conrad and Clark (1987) p.64 やコンラッド (2002) p.40 を参照のこと。
4) 計算の便のために q の値を大きく設定しているため、a は小さな値となっている。
5) A20 で計算される Y の値がほぼ 0 になるように、$p=0.4$ が選ばれている。
6) グラフをきれいに書くためには、J 列のように、適宜数値をずらすとよい。

第8章

最適管理基準と外部性の内部化

第1節　最適管理基準

1．MSY管理基準とその問題点

　生物資源の持続的捕獲量が最大になるのは、**最大持続的捕獲量**（MSY）で捕獲するときである。かつてMSYを資源管理の目標とし、この水準が維持されるような捕獲をおこなうことが適切であるという考えが、漁業の分野で流布したことがあった。

　しかし、現実には、MSYを基準として漁業をおこなうと、漁業者の多くが貧困に苦しむという状況に直面した。これを調査したカナダのゴードンは、1954年に発表した論文の中で、漁業資源が共有財産であることにその原因があると指摘した。そして、MSYを基準とするのではなく、**純経済的生産量**（net economic yield）を最大化すべきであると主張した。

　その経緯に関しては、邦文では、小野編（2002）や長谷川（1985）に詳しい。これらの文献を引用、参照しつつゴードンの研究を概観してみよう。問題となったのは、米国とカナダが19世紀末に太平洋で始めたオヒョウ漁業である。漁獲量は1915年に6900万ポンドに達して最大になったが、以後減少した。このため、1924年に米国とカナダによる共同管理機関が設置され、1932年からオヒョウの科学的管理が開始された。そこでは、毎年、漁区ごとに漁獲量上限を定め、解禁日以降、いっせいに漁獲が開始され、漁獲量上限に達するまでは、漁業者は自由に操業できるという、後述のオリンピック方式が採用されていた。

こうした資源保全策は有効に機能し、1950年にはオヒョウ資源はN_{MSY}に近い水準まで回復した[1]。オヒョウの資源量は約2.5倍に、年間総漁獲量は約1.5倍に、単位漁獲努力量あたり漁獲量は約3倍になった。ほぼN_{MSY}が達成されていることから、当時としては、世界でもっとも成功した漁業資源の管理と評価された。

しかし、漁業者の多くは、こうした漁獲量の増加や、漁獲効率の改善にも関わらず、漁獲収入は少なく、貧困に悩まされていたのが実態であった。驚くべきことに、調査された漁業者の半分以上が失業手当を受けていた。他方で、漁船数は1928年の421隻から1950年には816隻にほぼ倍増し、漁業者数は1928年の2269人から1950年には4050人となり、出漁日数は大幅に減少した[2]。

こうした現象が生じた問題の所在は、漁獲量上限は決めているが、上限に達するまでは自由に漁業が可能としていたことにある。漁業者は自分が漁獲しなければ他人が漁獲することから先取り競争を始めて、漁船数を増やし、漁業者を増やし、漁獲効率を高め、結果的に、非常に短期間に漁獲がおこなわれるようになった。それは、過剰な資本投資を誘発し、結果的には漁獲費用が大幅に高くなった。結局、漁獲量は増えたものの、それによる収入の増加は、こうした過剰な資本投資のために費やされてしまった。この事例の教訓は、MSYの達成のみを目指した管理ではまったく不十分であり、ゴードンは漁獲費用を踏まえた上で、静学的最適解を達成する必要があることを訴えている。

後にClark（1976）p.27は、個体群の大きさがN_{MSY}よりも少なくなることを**生物学的過剰漁獲**（biological overfishing）、静学的最適解N^*よりも少なくなることを**経済学的過剰漁獲**（economic overfishing）と名づけている。容易に確認できることであるが、静学的分析においては、常に$N_{MSY} \leqq N^*$となっており、経済学的過剰漁獲の方が先に生じることになる。オヒョウの例でMSY管理が生物学の観点からは成功裡に推移した反面で、漁業者の生計面では失敗に帰したのは、生物学的過剰漁獲は抑制されたが、経済学的過剰漁獲は発生したためといえるであろう。

2. 経済的管理基準

　経済的過剰漁獲は漁業を対象とした時の静学的概念であることに留意が必要である。動学的に最適資源量を考えた場合には、割引率次第では、生物学的過剰漁獲が生じているにもかかわらず、経済的過剰漁獲には陥っていないというケースが生じうる。また、陸上野生動物などで、管理対象種が害獣の側面を有する場合には、第2章の環境容量のところで取り上げたように、やはり生物学的過剰捕獲であるが経済的過剰捕獲ではないケースが生じうる。

　このため、生物資源の最適管理は、動学的観点から、管理対象種の属性（益獣的、害獣的）を勘案して決められるべきである[3]。その場合に、次の3点に留意が必要であると考えられる。1つは、割引率の設定である。一定の条件の下で、捕獲者の主観的割引率は市場利子率と一致する。しかしながら、捕獲者の主観的割引率が市場利子率を大幅に凌駕する可能性がある。こうしたケースを分析する場合、市場利子率を適用すると、分析結果が妥当ではなくなるかもしれない[4]。2つは、市場で顕在化していない価値の考慮である。近年では、環境評価手法を用いて生物資源の価値が計測されている[5]。また、そうした価値を考慮して最適な資源量が考察されている[6]。すでに述べたように、市場で顕在化していない価値を無視すると、絶滅のような不可逆的な選択肢が不適切であっても最適とされてしまう可能性がある。最後に、最小存続可能個体数の考慮が必要なことである。

第2節　内部化手法

　当該生物資源の捕獲とかかわるさまざまな外部性を解決するには、大きく分けて3つの方法がある。第1に、当事者間で直接的に交渉することである。第2に、課税、補助金、権利市場など経済的な解決方法を導入することである。第3に、技術的な解決を目指すことである。以下では、経済的な解決方法を中心にみていく。

1. 手法の分類

　野生に存する狩猟獣や魚類などの生物資源は無主物である。このため、原則的には無主物先占となり、そこでは先取競争が生まれることになる。しかしながら、資源の管理を目的として、公的観点から規制がかけられることがある。例えば、狩猟獣では、猟期や猟場の設定、狩猟頭数の上限などが決められている。魚類では、誰もが操業できる自由漁業に加えて[7]、漁業法に基づく漁業権制度と漁業許可制度が設けられている[8]。

　以下では、主に漁業の分野で発達してきた手法を概観する。こうした手法はいくつかの観点から分類できる。その1つは、捕獲努力量の規制を意図した**入口規制（投入量規制）**と、漁獲量の規制を意図した**出口規制（産出量規制）**とに大別するというものであり、伝統的に、わが国では前者が、欧米諸国では後者が中心的に用いられてきた[9]。加えて、技術的な規制がかけられることがある。

　入口規制には、**参入制限（漁業権制度、漁業許可制度）**、**技術的規制**、**自主規制**が該当する。参入制限は、漁船数を調整することで間接的に漁獲量を調整することを意図している。そのうち**漁業権制度**では、免許権者である都道府県知事が免許をおこない、免許されたものはその海域で独占排他的に漁獲行為をおこなうことができる。**漁業許可制度**は、一般には排除されている漁業種類（漁法）を特例的に解除するものであり、農林水産大臣の許可が必要な指定漁業、都道府県知事の許可が必要な知事許可漁業などがある。法令による規制を受けない場合は**自由漁業**といわれる。技術的規制とは、操業期間や操業区域を規制するものであり、自主規制とは、漁業者が自主的に体長制限などを設定し、それに満たない小型魚を再放流するといった取り組みをおこなうものである。

　出口規制は、わが国では、現在TACが導入されている。1994年の国連海洋法条約の発効を受けて1996年に本条約の批准と「海洋生物資源の保存及び管理に関する法律」（通称TAC法）の制定による国内法の整備がおこなわれ、1997年にはサンマ、スケトウダラ、マアジ、マイワシ、さば類およびズワイガニの6種にTACが適用され、翌1998年にスルメイカが追加されて今日に

至っている。国連海洋法条約では 200 海里（＝約 370km）の排他的経済水域の設定が沿岸国の権利として認められている一方で、生物資源の保存が沿岸国の義務とされており、このため TAC の設定がなされている。

TAC は Total Allowable Catch の略であり、魚種別の総漁獲可能量のことである。TAC の管理手法には、**オリンピック方式、個別漁獲割当（IQ 方式）、譲渡可能個別漁獲割当（ITQ 方式）** がある。現在、わが国では魚種ごとに設定された TAC は、まず、国内分と国外分に分けられる。国内分は農林水産大臣許可漁業と都道府県知事許可漁業に配分され、前者は漁業種類別に配分され、後者は都道府県に配分される。いずれもオリンピック方式が採用されている。これに対して、EU では、13 か国が漁業国であり、TAC は国別に配分されている。11 か国が何らかの漁業に IQ 方式を採用し、うち 4 か国は ITQ 方式である（水産庁、2007）。

経済学的観点からは[10]、TAC の設定とその管理方法は、**数量規制**に分類できる。この他に、**参入制限**（limit entry）、水揚税のような**価格規制**、**直接規制**（commang and control）、**その他の規制**に区別して論じられることが多いので[11]、以下もそれを踏襲してみてゆきたい。

2. 参入制限

オープン・アクセス下では、自由に漁業に参入でき、捕獲努力量を増加させることができる結果、過剰な利用が生じるのであるから、参入者数と漁獲努力量を限定すれば、過剰利用を抑制できるはずである。この考え方に立つのが参入制限である。しかし、参入制限にはいくつかの問題がある[12]。第 1 に、参入制限がおこなわれるのは、しばしばすでに参入者数や漁獲努力量が過剰となり、問題が発生した後であることである。第 2 に、漁獲努力量を規制する制度を導入しても、すぐに対応する抜け道が見つけ出され[13]、いたちごっこが繰り返されるのが通例であることである。とりわけ後者については、一般的に、規制当局が規制を考案するよりも、こうした規制をかわす漁業者の方が有利であったり長けており、さまざまな抜け道があることから、漁業者の手立てをすべて規制するのは無理とされている[14]。

こうした参入制限の難しさの実態を例示したものとしてしばしば紹介されるカナダのブリティッシュ・コロンビア州におけるサケの参入制限プログラムを概観してみる[15]。1968年にカナダ政府によって、西海岸で操業するサケ漁船に対して、サケ参入制限プログラム（salmon limited entry program）が導入された。これは、漁獲努力量の過剰問題の解決を目的としたものであり、この海域で5種類のサケを対象として操業する巾着網漁船（purse-seiners）、刺網漁船（gillnet vessels）、トロール漁船、刺網トロール漁船の4タイプの漁船に適用された。

　当初導入されたのは、第1に、strict vessel licensing systemである。これは過去の漁業実績に応じてライセンスAもしくはライセンスBが与えられるものであり、ライセンスBが配分された場合は以後10年間操業禁止となった。第2に、boat-for-boat ruleであり、これは既存の漁船と交換でなければ新しい漁船を漁場で用いてはならないというもので、漁獲努力量の規制が意図されていた。第3は、buy-back programであり、これは規制当局がライセンスAの漁船とライセンスを購入して、実動する漁船の削減、すなわち漁獲努力量の減少を意図したものであった。

　しかし、こうした一連の規制は成功裡には進まなかった。boat-for-boat ruleに対抗して漁業者は、新しい漁船に替える際に漁船のトン数を増加させ、1隻あたりの漁獲能力を向上させることで対応した。このため当局は、1971年にboat-for-boat ruleに代えて、新しい漁船のトン数は廃船にする漁船のトン数を越えてはならないというton-for-ton ruleを導入した。しかし、この規制に対しても、漁業者は小型漁船を大型漁船に置き換えて、その際にトン当たりの漁獲能力を向上させるという対応をおこなった。他方で、buy-back programは購入金額が高すぎたため、1973年に放棄された。また、ライセンスについても、最適な発行数であることが確認された上で、約5800のライセンスが当初発行されたわけではなく、不十分な政策であった。

　結果的に、1980年頃までの間に、漁船数は20%減少したにもかかわらず、当初問題となっていた漁獲努力量の過剰問題は改善せず、むしろサケ漁に投じられた資本の量は50%増加するという結果に終わっている。Dupont（1990）

の分析にもとづけば、こうした問題が生じた主な原因は、漁船の構成が不適切なためであった。非効率なトロール漁船の操業を許しているために、いっそう効率的な巾着網漁船の参入が阻まれていた。サケを漁獲していた4タイプの漁船は、1950〜70年の間には、それぞれ特定のサケを漁獲していたが、それ以降は、漁獲対象の1種であるチヌークの減少、サケ魚種間での単価の平準化に加えて、当局がサケ各種の漁獲量をいろいろな漁船に配分したことから、各漁船の漁獲対象は他のサケにも及ぶことになった。

Dupont（1990）は、1982年の245隻（漁船総数の約5%）のデータを基にレントの消失を推定した（表8-1）。それによると、4種類の漁船がそれぞれ最適なトン数で操業した場合と1982年の実態とを比較すると、1982年におけるこの245隻の潜在的なレントは4万406千カナダドルであるのに対し、現実の1982年のレントは約1万063千カナダドルであった。さらに、産業全体では、現状でのレントは−38,695千カナダドルであるのに対し、4種類の漁船がそれぞれ最適なトン数かつTACを満たすのに必要な最小の漁船数で操業した場合には、35,486千カナダドルとなる。もし巾着網漁船のみが最適なトン数かつ最適な漁船数で操業すれば、レントは69,436,000カナダドルとなる。

表8-1 サケの参入制限プログラムにおけるレントの消失（カナダドル）

	漁船数	サンプルのみ		産業全体	
		現状でのレント	潜在的レント	現状でのレント	潜在的レント
巾着網漁船	21	919,000	3,012,000	−2,935,000	17,673,000
刺網漁船	80	−128,000	484,000	−9,253,000	4,944,000
トロール漁船	84	−238,000	−117,000	−33,086,000	−2,035,000
刺網トロール漁船	60	510,000	1,027,700	6,579,000	14,904,000
全体	245	1,062,600	4,406,700	−38,695,000	35,486,000

注：サンプルのみの潜在的レントは、4種類の漁船がそれぞれ最適なトン数で操業した場合、産業全体での潜在的レントは、4種類の漁船がそれぞれ最適なトン数かつTACを満たすのに必要な最小の漁船数で操業した場合である。

出典：Dupont（1990), p.37, Table V、p.40, Table VI

3. 価格規制

ここでは価格規制のうち税を取り上げる。漁業経済学で議論されるのは、通常はピグー税の一種としての**水揚税**（landing tax）である。オープン・アクセスの悲劇に至る主たる理由は、当該資源に無主物先占が適用され、先取競争が生じてしまうためであった。漁業者は現在において漁獲を控えることによって将来の資源量が増加したり漁獲費用が低下するというメリットを、自分が確実に享受することを保障されない。このため、漁業者はユーザー・コストを考慮せずに意思決定をおこなってしまうのである。オープン・アクセスの下では、ユーザー・コストに等しい税額を適用することで、動学的最適資源量と動学的最適漁獲量を達成できることになる。

しかしながら、こうした水揚税は、現実にはまったく適用例がない[16]。その理由は、第1に、漁業者からの反対が強いためである。オープン・アクセス下ではレントがゼロになる状態で操業されているため、さらに、税が課されると、漁業者の中には採算がとれずに操業できなくなるものが出てくる。加えて、税収はすべて当局が享受することも、漁業者が反対する一因である。

第2に、課税をおこなう当局のサイドからは、最適な税額を定めることが困難という課題が挙げられる。当局は、各漁業者の操業費用を正確に把握する必要があるが、こうした情報は容易には入手できない。加えて、規制対象資源の生物学的特徴も把握が必要である。新しい漁業技術が採択されたり、海洋環境の変化による対象資源の生物学的特徴の変化、参入企業数の変化が起きるごとに、当局は操業費用等を再度把握しなおす必要が生じる。

4. 数量規制

数量統制は、捕獲量の上限を TAC として設定した上で、その捕獲量の管理をおこなうものである。1つ目は**オリンピック方式**と呼ばれている方法で、これは漁獲量が TAC に達するまでは自由に操業が可能であり、到達した時点で操業を停止するものである。この方法の利点は、1）管理コストが低いこと、2）理解しやすい方法であることである。他方で、欠点は、1）漁獲努力量の過剰投資が誘発されやすいこと、2）操業期間が極度に短期化し、結果として供

給過剰による魚価の暴落が生じたり（**豊漁貧乏**）、3）海況にかかわらず出漁をおこなうことから、漁業活動の危険度が高まることである。

こうした過剰投資問題や操業期間の短期化は、先にみた参入制限の場合と共通する問題であり、漁獲努力量を十分に規制できない時に生じうる。その仕組みを、本書のモデルを用いてみてみよう[17]。図8-1において、TC_1は規制（漁船数制限、トン数制限、漁具規制などの参入制限、禁漁期の設定、オリンピック方式）をおこなう前の、この漁業での総費用曲線である。規制がないオープン・アクセス状態なので、漁獲努力量はE_1^∞であり、レント（総収入－総費用）はゼロになっている。この時の静学的に最適な漁獲努力量はE_1^*である。

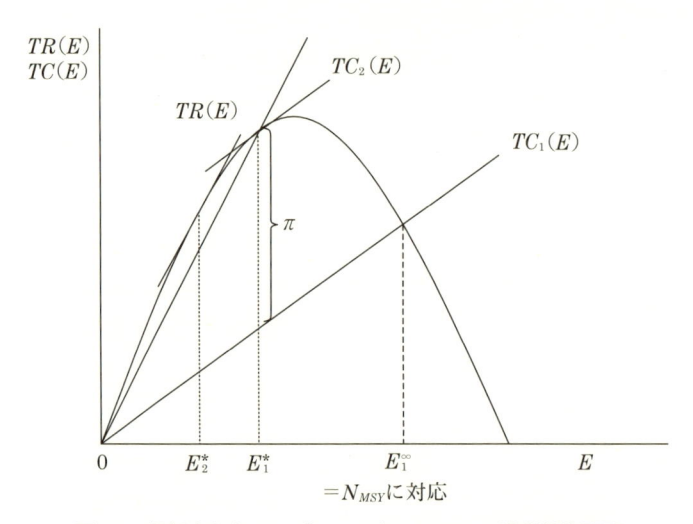

図8-1 規制されたオープン・アクセス下での過剰投資問題

いま、静学的に最適になるように、漁獲努力量がE_1^*に規制されたとする。この時、短期的には、漁業者は総費用TC_1の下で最適な漁獲努力量E_1^*を達成するように操業をおこなうであろう。しかしながら、この時には図8-1のπの大きさだけのレントが発生しており、これを求めてこの漁業への新規参入が生じたり、装備の向上がなされたりという形で漁獲努力量は増加する。このため総費用曲線の傾きはいっそう急峻になり、長期的にはレントがゼロとなるTC_2になる。TC_2となった時にはE_2^*が最適な漁獲努力量水準であり、E_1^*はもはや

過剰投資となっている。結果的に、資源水準は増加するものの、過剰投資問題は悪化し、あわせて漁期の短期化などの問題が発生することになる。

　数量規制の2つ目は、**個別漁獲割当（Individual Quotas, IQ）方式**である[18]。これは、事前に漁獲量を各漁船に配分する方式である。その結果、オリンピック方式における過剰装備問題や、操業期間短縮化の問題が解決される。また、割り当てられた漁獲量を、最小限の費用で漁獲しようというインセンティブが生じる。この他にも、課税に比べ、政策決定者に受け入れられやすいといったメリットがある。

　しかしながら、IQ制度には以下のような欠点がある。1）違法操業の監視のためのモニタリング費用がかかるなど、管理費用が高い。2）経済的価値が低い魚を海上などで投棄し、価値の高い魚のみで割当漁獲量を埋めようとするハイグレーディング問題が生じうる[19]。3）各漁船に権利をどのように初期配分するかが問題となる。4）TACの設定値が毎年大きく変動する場合には、実効性が疑わしい。5）各漁船が、複数の魚種を同時に漁獲する場合、いずれかの漁獲量が上限に達したところで漁場を閉じると、残りの魚種に未利用部分が発生する。6）各漁船が、割当量が過不足しないように漁獲量を調整することが難しい。7）割当量が、その漁船の最適な漁獲量水準と一致しない限り、経済的に非効率となってしまう、などである[20]。

　数量規制の3つ目は、**譲渡可能個別漁獲割当（Individual Transferable Quotas, ITQ）方式**である。これは、IQ方式で、割当量の取引を認めたものである。その結果、IQ方式における5）の漁獲量調整の問題の解決や、6）経済的効率性の達成が一層容易になる。また、効率が悪い漁業者は、自分のTACを売却できるので、撤退が容易になる。

　しかしながら、ITQ制度では、IQ方式における一部の問題しか解決されておらず、また、漁獲割当を譲渡する結果、少数の漁業者に過度のTACが集中する可能性があるという問題が新たに出てくる。

　とはいえ、以上でみてきた内部化手法の中で、ITQ方式はもっとも優れた手法の1つと位置づけることが可能であろう。そこで、ITQ方式では、外部性をどの程度内部化しうるかをみておこう。まず、ストック外部性については、

漁場が面的に連続し、空間的に同質的に広がっている場合には、ITQ によって内部化できることが示されている（以下、Holland, 2004）。しかし、ITQ の下では、混雑外部性によってレントの消失が生じる可能性が残っている。漁業技術に起因する外部性については、通常 ITQ の適用時には漁具規制が併用されていると考えられるものの、混獲を完全に防止することはできず、さらに、ハイグレーディングのために漁場の生産性が落ちる可能性が残っている。Holland（2004）は Smith（1969）を引用しつつ、外部性ごとに政策手段が必要であり、ITQ はストック外部性の内部化に向いた方法であるとしている。

　最後に、TAC とかかわって、日本独自の制度を 2 つ紹介しておく。1 つは、**TAC 協定**である。これは、TAC による管理に漁業者が自主的に参画することを狙いとして、漁業者の間で休漁処置（禁漁区域・禁漁期間の設定）、操業日数規制、地区別配当（特定の漁場への漁船の集中による混乱を避ける）、体長制限、漁具規制などの漁業協定の締結を認めるものである[21]。いま 1 つは、**TAE（Total Allowable Effort）制度**である。これは休漁などにより漁獲努力量を管理する制度であり、TAC 制度が出口規制であるのに対して入口規制である。2002 年に TAC 法が一部改正され、導入された制度であり、資源変動が大きい水産資源を早急に回復させることを目的として、漁業種類、期間、海域別に漁獲努力量が定められている[22]。

5. その他

　以上、参入制限、価格規制、数量規制を概観した。これらは、条件が満たされれば、いずれも経済的最適を回復することが可能である[23]。しかし、通常それは望むべくもないことである。参入制限は、漁業者による規制のすり抜けに十分に対処することが困難である。課税は、漁業者による反対と当局の情報把握の点で実行は困難である。これらに較べて数量規制、とりわけ ITQ は実行可能性や経済的最適の実現の点で有利である。現状では、ITQ とその他の規制の併用が論じられることが多い。

　しかしながら、ITQ にも限界がある。先に述べた外部性が完全には内部化しえないことに加えて、例えば、TAC の設定に際して、ロビイング活動等を

通じて圧力がかかり、資源状態が悪化していてもTACを低く設定できないといった問題が生じうることが指摘されている。北海のタラ（cod）では、TACの設定値を減少させることに対して漁業者が反対して漁業が継続された結果、資源量は壊滅的な状態にまで減少した[24]。また、漁獲努力量に対する規制をITQと併用した場合、漁業者は何らかの抜け道を見いだして対応するのが通例である。

こうした中で、近年注目されているのは、1つは漁業者のモチベーションを高めることによって資源保全を進めようとするincentive-based approaches to sustainable fisheries（IAF）である[25]。いまひとつは、海洋保護地域（marine protected area, marine reserve）を創設して禁漁海域と漁獲海域を分離する方法である。海洋保護地域の生物学的有効性は古くから知られており、近年は経済学的観点からもその有効性が示されつつある（Grafton *et al.* 2004, p.125）。

注

1) 長谷川（1985）p.100によると、資源回復は環境変動によるものであるという説もある。
2) 主要漁場の第2区では1933年の206日／年が1954年には21日／年に、第3区では1933年の268日／年が1953年には52日／年というように、もともとは周年的な漁業であったものが、2か月ほどの季節的な漁業になった（長谷川, 1985, p.100）。
3) 現実への適用例としては、例えば、Kawata（2006）がある。
4) 例えば、高齢化や後継者不足が起きている魚種では、漁業者が将来の跡継ぎに漁獲対象魚を残すインセンティブを有さなくなる。自分たちの世代で当該魚種が枯渇してもよいという意識があるならば、「こうした漁業者にとっての」最適な漁獲は、市場利子率よりも高い割引率を前提として議論する必要がある。
5) 例えば、Giraud *et al.*（2002）は、トドの価値をCVMを用いて推定している。
6) 例えば、河田（2007）を参照のこと。
7) 桜本（1998）p.136によれば、現実には、自由漁業のみで生計を立てることは困難なのが実情であることから、漁業で生計を立てるには、漁業権漁業か許可漁業をせねばならない。
8) その目的は、第1に水産資源の保全のためである。漁具・漁法が高度に発達しているので、自由漁業にすると漁業資源が枯渇する懸念が高い。第2に、漁業調整のためである。

異なるタイプの漁具・漁法を用いることから、相互に相手の邪魔になる可能性があるので、秩序の維持を目的としている（金田，2003，pp.20-21）。

9) とはいえ、多くの国では入口規制と出口規制の両方が併用されている（黒沼，2005，p.234）

10) 現実の漁業政策でゴードンの静学的最適化に言及されるようになったのは、1968年のFAOによる『世界農業白書』の頃からといわれている。

11) こうした規制についての数式を用いた議論については、本書のモデルと類似の枠組みで分析したものとして Clark（1980）、Arnason（2001）などがある。

12) 以下2つの問題点は、Grafton et al.（2004）p.120を参照した。

13) このように、規制されたものから規制されないものへと投入物を差し替えて漁獲努力量を増加させることは effort creep と呼ばれる。

14) Scott and Neher（1981）pp.31-32 による指摘であり、ここでは Munro and Scott（1985）p.661 を参照した。

15) 以下、サケの参入制限プログラムの事例は、Munro and Scott（1985）、Dupont（1990）、Grafton et al.（2004）、Clark（2005）などを参照した。

16) 以下2つの指摘は、Hanley, Shogren and White（1997）p.299、Clark（2005）pp.255-256 を参照した。

17) Grønbœk（2000）pp.18-19 を参照した。

18) 企業に漁獲量を割り当てる企業配分（Enterprise allocations, EA）方式もある。

19) 小野編著（2005）p.105 によれば、スケトウダラでは、魚卵のみ取り出し魚体を破棄するハイグレーディングもおこなわれたという。

20) IQ や ITQ の説明は、黒沼（2005）などを参照した。

21) 水産庁 TAC Homepage（http://www.jfa.go.jp/）を参照した。

22) 水産庁資源管理部のサイト（http://www.jfa.maff.go.jp/suisin/index.html）を参照した。

23) 例えば、Clark（1980）は、もし漁獲割当を自由に譲渡可能であれば、数量規制と価格規制が、効率性の観点では同値であることを証明している。

24) EU では、ICES（The international council for the exploration of the sea）が魚種別・漁業別に資源評価をおこない、TAC を勧告する。ICES はタラについては 2001 年以来、漁獲禁止を求めている。しかしながら、EU では、年々TAC は減少してきているものの、2007 年現在、漁獲禁止には至っておらず、今後タラの商業的漁業が完全に崩壊することが懸念されている（Greenpease, 2007）。

25) 詳しくは、例えば Grafton et al.（2006）を参照のこと。

あとがき

　ジョン・スチュアート・ミルは1848年に『経済学原理』を著し、その第6章で定常状態について述べている。彼は、この章の前半部分で、社会の経済的進歩は「資本の増大、人口の増加および生産技術の進歩」（ミル, 1961, p.100）と述べた上で、「経済学者たちが進歩的状態と名づけているところのものの終点には停止状態が存在」（ミル, 1961, p.101）することを指摘する。後半部分では、「2 富および人口の停止状態は、しかしそれ自身としては忌むべきものではない」（ミル, 1961, p.104）とタイトルを銘打った上で、次のように述べている。

　　もしも地球に対しその楽しさの大部分のものを与えているもろもろの事物を、富と人口との無制限なる増加が地球からことごとく取り除いてしまい、そのために地球がその楽しさの大部分を失ってしまわなければならぬとすれば、…（中略）…、私は後世の人たちのために切望する、彼らが、必要に強いられて定常状態にはいるはるかまえに、自ら好んで停止状態にはいることを。
　　資本及び人口の停止状態なるものが、必ずしも人間的進歩の停止状態を意味するものでないことは、ほとんど改めて言う必要がないであろう。停止状態においても、あらゆる種類の精神的文化や道徳的社会的進歩のための余地があることは従来とかわることがなく、また、『人間的技術』を改善する余地も従来と変わることがないであろう。
　　　　　　　　　　　　　　　　　　　　　　（ミル, 1961, p.109）

　ローマクラブが1992年に出版した『限界を超えて』では、「成長（growth）」と「発展（development）」がわかりやすく区別されている（メドウズ他,

1992, p.xvi)。端的にいえば、成長とは量的に増えること、発展とは質的に向上することといえよう。量的に増えること（成長）はなくても、質的に向上すること（発展）は可能なのであり、ミルはそのことを、非常に早い段階で指摘していたのである。

こうした先見の明にあふれたミルを賞賛しつつ、宇沢は次のように述べている。

> アダム・スミスの国富論のエッセンスを非常に明快に教科書風に書いたのが、ジョン・スチュアート・ミルの『経済学原理』(1848)です。…（中略）…私はアメリカの古本屋でその本を見つけて、非常に感銘を受けました。
> 　その最後のほうに「ステイショナルステイト」（定常状態）というのがあります。それは、外から見るとすべて物価も消費数も価格も所得も定常的、一定だけれども、なかに入ってみると非常に華やかな、文化的な活動がある。人と人の交流とか、新しいアイデアが生まれたり、商品がつくられたり、人々は活気を持って生きている。そのいちばん大事なところには豊かな自然が保たれている。それが、アダム・スミスのいちばんの原点、原風景なわけです。
> 　風土とかランドスケープというとやはり「Nation」とか「Land」、国土とそこに住んでいる国民総体としてとらえて、いちばん大事なのは豊かな自然が「ステイショナルステイト」で維持されているということです。

(宇沢，石川，2002, p.18)

　本書が扱う生物資源の経済学は、漁業資源や野生動物、森林資源のストックを一定に保ちつつ、そこから生み出されるフローの部分を持続的に利用するという基本的な考え方に立脚しており、持続的な発展をおこなう社会の構築に不可欠の学問といえるであろう。ミルや宇沢が描くこうした社会に少しでも早期に移行できるならば、私たちをとりまく自然環境をそれだけ質的によりよい状態で定常状態に移すことができるであろう。

　本書では、保全することの重要性を述べてきた。しかし、それが唯一無二の解決策ではない。生物資源を念頭に持続的な発展を進めるには、定常状態やなにがしかのサイクルで適切な量の資源が維持されることが必要なのであり、

そのために、生物資源が必ずしも捕獲され、利用されなければならないわけではない。経済的手法に拠らなくても、技術的解決が可能かもしれない。さらには、経済的観点から、保護よりも保全が適切と判断されたとしても、それは決定ではなく、政策判断のために提供される情報に過ぎない。

とはいえ、経済的な判断は客観的で合理的な判断をもたらしうるものであり、それだけ合意が得られやすく説得的であろう。保護を主張するときには、それが最善なのかをいま一度考えてみることが必要であり、時には保全を選択すべきであるかもしれない。そうした判断を人間がおこなうのは、元来おこがましいことであろう。しかし、自然に大きく手を加えた人間が、自省しつつ、自然の均衡を保とうとして保全をおこなうことは、必要悪なのではないであろうか。そうした観点から、わが国では立ち遅れている生物資源の経済学が、今後ますます普及し、活用されて、ミルや宇沢が描いたような社会の構築が進むことを期待したい。

2008 年 8 月 13 日

著　者

引用文献

阿部學（1979）「野生鳥獣の保護（2）」本谷勲ほか著『自然保護の生態学＿野生生物の保護と管理＿』培風館。

Agnello, R. J. and L. P. Donnelley. (1976) Externalities and Property Rights in the Fisheries, *Land Economics* 52, pp.518-529.

赤尾健一（1993）『森林経済分析の基礎理論』京都大学農学部。

Alexander, R. R. (2000) Modelling Species Extinction: The Case for Non-Consumptive Values, *Ecological Economics* 35, pp.259-269.

バークレイ、セクラー（1975）『環境経済学入門』篠原泰三監修、白井義彦訳、東京大学出版会。(Barkley, P. W., D. W. Seckler (1972) *Economic Growth and Environmental Decay: the solution becomes the problem*, Harcourt Brace Jovanovich.)

Bailey, J. A. (1984) *Principles of Wildlife Management*, John Wiley & Sons, Inc.

Baumol, W. J. and W. E. Oates (1988) *The Theory of Environmental Policy*, 2nd ed., Cambridge University Press.

Blute, E. H. and G. C. van Kooten (1996) A Note on Ivory Trade and Elephant Conservation, *Environment and Development Economics* 1, pp.429-432.

Boulding, K. E. (1966) The Economics of the Coming Spaceship Earth, in Jarrett, H. (ed.) *Environmental Quality in a Growing Economy*, pp.3-14, Johns Hopkins University Press.

Brander, J. A. and M. S. Taylor (1998) The Simple Economics of Easter Island: A Ricardo-Malthus Model of Renewable Resource Use, *American Economic Review* 88, pp.119-138.

ブラウン（2002）『エコ・エコノミー』北濃秋子訳、家の光協会。(Brown, L. R. (2001) *Ecoeconomy: Building an Economy for the Earth*, W. W. Norton & Company, Inc.)

Bulte, E. H. and R. D. Horan (2003) Habitat Conservation, Wildlife Extraction and Agricultural Expansion, *Journal of Environmental Economics and Management* 45 (1), pp.109-127.

チェンバース、シモンズ、ワケナゲル（2005）『エコロジカル・フットプリントの活用＿地球1コ分の暮らしへ』五頭美知訳、合同出版。(Chambers, N., C. Simmons, and M. Wackernagel (2000) *Sharing Nature's Interest*, Earthscan.)

Clark, C. W. (1980) Towards a Predictive Model for the Economics Regulation of Commercial Fisheries, *Canadian Journal of Fisheries and Aquatic Sciences* 37, pp.

1111-1129.

クラーク (1983)『生物経済学__生きた資源の最適管理の数理__』竹内啓、柳田英二訳、啓明社。(Clark, C. W. (1976, 2005) *Mathematical Bioeconomics*, 1st edition, 2nd edition, John Wiley & Sons, Inc.)

クラーク (1988)『生物資源管理論__生物経済モデルと漁業管理__』恒星社厚生閣。(Clark, C. E. (1985) *Bioeconomic Modelling and Fisheries Management*, John Wiley & Sons, Inc.)

Clark, C. W. (1999) Renewable resources: fisheries, in Jeroen C. J. M. Van Den Bergh, *Handbook of Environmental and Resource Economics*, pp.109-121, Edward Elgar.

Clark, C. W. and G. R. Munro (1975) The Economics of Fishing and Modern Capital Theory: A Simplified Approach, *Journal of Environmental Economics and Management* 2, pp.92-106.

コンラッド (2002)『資源経済学』岡敏弘、中田実訳、岩波書店。(Conrad, J. M. (1999) *Resource economics*, Cambridge University Press.)

Conrad, J. M. and C. W. Clark (1987) *Natural Resource Economics, Notes and Problems*, Cambridge University Press.

Dupont, D. P. (1990) Rent Dissipation in Restricted Access Fisheries, *Journal of Environmental Economics and Management* 19, pp.26-44.

海老瀬潜一編 (1988)『第1回環境容量シンポジウム__環境容量の概念と応用__』環境庁国立公害研究所。

エデル (1981)『環境の経済学』南部鶴彦訳、東洋経済新報社。(Edel, M. (1973) *Economics and the environment*, Prentice-Hall.)

江川美紀夫 (2001)「混合経済体制の擁護」『国際関係紀要』10 (2)、pp.97-117。

Errington, P. L. (1934) Vulnerability of Bobwhite Population to Predation, *Ecology* 15, pp.110-127.

Errington, P. L. (1946) Predation and Vertebrate Populations, *Quarterly Review of Biology.* 21, pp.144-177 and 221-245.

FAO (2005) *Review of the State of World Marine Fishery Resources*, FAO Fisheries Technical Paper No. 457. FAO.

Field, B. C. (2001) *Natural Resource Economics: An Introduction*, McGraw-Hill.

フィールド (2002)『環境経済学入門』秋田次郎、猪瀬秀博、藤井秀昭訳、日本評論社。(Field, B. C. (1994) *Environmental Economics: An Introduction*, McGraw-Hill Companies, Inc.)

Fisher, R. D. and L. J. Mirman (1996) The Compleat Fish Wars: Biological and Dynamic

Interactions, *Journal of Environmental Economics and Management* 30, pp.34-42.

Giraud, K., B. Turcin, J. Loomis, and J. Cooper (2002) Economic Benefit of the Protection Program for Steller Sea Lion, *Marine Policy* 26, 451-458.

Grafton, R. Q., R. Hill, W. Adamowicz, D. Dupont, S. Renzetti, H. Nelson (2004) *The Economics of the Environment and Natural Resources*, Blackwell Publishers.

Grafton, R. Q., R. Arnason, T. Bjørndal, D. Campbell, H. F. Campbell, C. W. Clark, R. Connor, D. P. Dupont, R. Hannesson, R. Hilborn, J. E. Kirkley, T. Kompas, D. E. Lane, G. R. Munro, S. Pascoe, D. Squires, S. I. Steinshamn, B. R. Turris, Q. Weninger (2006) Incentive-based approaches to sustainable fisheries, *Canadian Journal of Fisheries & Aquatic Sciences* 63 (3), pp.699-710.

Greenpease (2007) The North Sea cod crisis, Greenpease UK. http://www.greenpeace.org.uk/media/reports/the-north-sea-cod-crisis から入手可能

Grønbæk, L. (2000) Fishery Economics and Game Theory, IME Working paper14/00, University of Southern Denmark.

Hanley, N., J. F. Shogren and B. White (1997) Environmental Economics, Palgrave Macmillan.

ハーディン (1993)「共有地の悲劇」桜井徹訳、pp.445-470、シュレーダー＝フレチット編、京都生命倫理研究会訳『環境の倫理（下）』晃洋書房。(Hardin, G. (1968) The Tragedy of the Commons, *Science*, 162, pp.1243-1248。)

畠山武道、柿澤宏昭編著 (2006)『生物多様性保全と環境政策』北海道大学出版会。

長谷川彰 (1985)『漁業管理』恒星社厚生閣

ホーケン、ロビンス、ロビンス (2001)『自然資本の経済：「成長の限界」を突破する新産業革命』小幡すぎ子訳、佐和隆光監訳、日本経済新聞社。(Hawken, P., Lovins, A. B., and Lovins, L. H. (1999) *Natural Capitalism: Creating the Next Industrial Revolution*, Little, Brown and Co.)

樋口広芳編 (1996)『保全生物学』東京大学出版会。

Hoekstra, J, and J. C. J. M. van den Bergh (2005) Harvesting and Conservation in a Predator-Prey System, *Journal of Economic Dynamics and Control* 29, 1097-1120.

Holland, D. S. (2004) Spatial Fishery Rights and Marine Zoning: A Discussion with Reference to Management of Marine Resource in New England, *Marine Resource Economics* 19, pp.21-40.

Homans, F. R. and J. E. Wilen (1997) A Model of Regulated Open Access Resource Use. *Journal of Environmental Economics and Management* 32 (1), 1-21.

石弘之 (1988)『地球環境報告』岩波新書。

糸賀黎（1978）「1.3 環境の把握と評価」社団法人日本造園学会編『造園ハンドブック』技報堂出版。

科学技術庁（1961）『科学技術庁資源調査会報告 第19号 日本の資源問題』。

梶光一（2000）「エゾシカと特定鳥獣の科学的・計画的管理について」『生物科学』第52巻第3号、pp.150-158。

亀山章編（2002）『生態工学』朝倉書店。

環境省（1979）「第2回 自然環境保全基礎調査 動物分布調査報告書（哺乳類）全国版」。

環境省（2002a、2003a）『環境白書』。

環境省（2002b、2003b）『図で見る環境白書』。

環境省（2002c）『生物多様性国家戦略』。

環境省（2004）「種の多様性調査 哺乳類分布調査報告書（平成16年）」環境省自然環境局生物多様性センター。

環境省（2006）『第3次環境基本計画』。

加藤尚武編（2005）『環境と倫理 新版』有斐閣。

Kanzaki, N. and Otsuka, E.（1995）Recent Prosperity of Wild Boar Commercialization in Japan, *IBEX J. M. E.* 3, p.249.

金田禎之（2003）『新編漁業法のここが知りたい』成山堂書店。

Kashiwai, M.（1995）History of Carrying Capacity Concept as an Index of Ecosystem Productivity（Review）, *Bull. Hokkaido Natl. Fish. Inst.*, No.59, 81-101.

河田幸視（2003）「被食―捕食関係にある捕獲対象種と害獣の最適管理」『環境情報科学論文集』17、pp.311-316。

河田幸視（2006）「魚食と肉食から自然の利用を考える」『Ship & Ocean Newsletter』No.149、pp.4-5。

Kawata, Y.（2006）Economic Resource or Mammalian Pest ?: A Reconsideration of the Management of Wild Deer, *The Japanese Journal of Rural Economics* 8, pp.12-25。

河田幸視（2007）『自然資源管理の経済学』大学教育出版。

Kawata, Y.（2007）To Hunt or Not to Hunt ?: Problems of Underuse and Another Criticality of Natural Resource Use', *Journal of Rural Economics*, Special Issue, pp. 347-354.

北畠佳房（1993）「環境資源利用構造の評価と動的リスク論」『重点領域研究「人間―環境系」G073-N19B-01 人為を起源物質の制御にはたす動的リスク管理手法の開発（最終報告書）』、pp.105-115。

北畠能房（1996）「セカンドベスト下での環境・経済統合勘定体系の開発に関する基礎的研究」『平成7年度科学技術費補助金（総合研究（A））研究成果報告書』。

鬼頭秀一（1996）『自然保護を問い直す：環境倫理とネットワーク』ちくま新書。

クネーゼ、エイヤーズ、ダージュ（1974）『環境容量の経済理論』宮永昌男訳、所書店。(Kneese, A. V., R. U. Ayres and R. C. d'Arge（1970）Economics and the Environment, A Materials Balance Approach, John Hopkins Press.）

小泉透（1988）「エゾシカの管理に関する研究__森林施業と狩猟がエゾシカ個体群に及ぼす影響について__」『北海道大学農学部演習林研究報告』45（1）、pp.127～186。

小島あずさ、眞淳平著（2007）『海ゴミ：拡大する地球環境汚染』中公新書。

コルスタッド（2001）『環境経済学入門』細江守紀、藤田敏之監訳、有斐閣。(Kolstad, C. D.（2001）*Environmental Economics*, Oxford University Press.）

Kot, M.（2001）*Elements of Mathematical Ecology*, Cambridge University Press.

厚生労働省「生シカ肉を介するE型肝炎ウイルス食中毒事例について」（平成15年8月1日）別添資料。

栗栖健（2004）『日本人とオオカミ__世界でも特異なその関係と歴史__』雄山閣。

黒沼吉弘（2005）「TACの国際比較―内部経済化への対処方策―」小野征一郎編著『TAC制度下の漁業管理』pp.227～264、農林統計協会。

Levhari, D. & L. J. Mirman（1980）The Great Fish War: An Example Using a Dynamic Cournot-Nash Solution, *Bell Journal of Economics* 11, pp.322-334.

間宮陽介（1993）「地球温暖化の文明論的背景―熱帯林の破壊―」宇沢弘文・國則守生編『地球温暖化の経済分析』pp.117～133、東京大学出版会。

松宮義晴（1996）『水産資源管理概論』社団法人日本水産資源保護協会。

松田裕之（2004）「ゼロからわかる生態学」、共立出版。

メドウズ他（1972）『成長の限界：ローマ・クラブ「人類の危機」レポート』大来佐武郎監訳、ダイヤモンド社。(Meadows, D. H., Meadows, D. L., Randers, J. and Behrens III, W. W.（1972）*The Limits to Growth: A report for the Club of Rome's Project on the Predicament of Mankind*, Universe Books.）

メドウズ、メドウズ、ランダース著（1992）『限界を超えて』茅陽一監訳、ダイヤモンド社。(Meadows, D. H., Meadows, D. L. and Randers, J.（1992）*Beyond the Limits*, Chelsea Green Publishing Company.）

メドウズ、メドウズ、ランダース著（2005）『成長の限界：人類の選択』枝廣淳子訳、ダイヤモンド社。(Meadows, D. H., Meadows, D. L. and Randers, J.（2004）*Limits to Growth : The 30-year Update*, Earthcan.）

Meister, A. D.（2001）'Synthesis and Evaluation of the Evidence from the Country Case Studies Concerning Different Arrangements and Institutional Options for Providing Non-Commodity Outputs,' Workshop on Multifunctionality, OECD.

（http://www1.oecd.org/agr/mf/ から入手可能）

目瀬守男編著（1990）『地域資源管理学』明文書房。

ミル（1961）『経済学原理（四）』末永茂喜訳、岩波文庫。(Mill, J, S (1848) *Principles of Political Economy with Some of Their Applications to Social Philosophy*.)

三土修平（1993）『経済学史』新世社。

Munro, G. R. (1992) Mathematical Bioeconomics and the Evolution of Modern Fisheries Economics, *Bulletin of Mathematical Biology* 54 (2/3), 163-184.

Munro, G. R. and A. D. Scott (1985) The Economics of Fishery Management, in Kneese, A. V. & J. L. Sweeney (eds.) *Handbooks of Natural Resource and Energy Economics* Vol. 1, Elsevier Science Publishers B. V..

長崎福三（1994）『肉食文化と魚食文化：日本列島に千年住みつづけられるために』農山漁村文化協会。

中村修（1995）『なぜ経済学は自然を無限ととらえたか』日本経済評論社。

直良信夫（1968）『狩猟』法政大学出版局。

日本学術会議（2001）「地球環境・人間生活にかかわる農業及び森林の多面的な機能の評価について」。

日本学術会議（2004）「地球環境・人間生活にかかわる水産業及び漁村の多面的な機能の内容及び評価について」。

西村理（1989）『ミクロエコノミックス』昭和堂。

Neher, P. A. (1990) *Natural Resource Economics: Conservation and Exploitation*, Cambridge UniversityPress.

能勢幸雄、石井丈夫、清水誠（1988）『水産資源学』東京大学出版会。

農林水産省（2005）「鳥獣による農林水産業被害対策に関する検討会報告書」。

オダム（1974）『生態学の基礎 上・下』三島次郎訳、培風館。(Odum, E. P. (1953) *Fundamentals of Ecology*, 1st edition, Sounders.)

小野征一郎（2005）「サバ類・マアジ・マイワシ」小野征一郎編著『TAC制度下の漁業管理』pp.13〜48、農林統計協会。

小野征一郎編（2002）『長谷川彰著作集　漁業管理』成山堂書店。

大沢雅彦（1996）「自然保護と景観生態」沼田眞編『景相生態学：ランドスケープ・エコロジー入門』朝倉書店、pp.139-148。

大賀圭治（2004）『食料と環境』岩波書店。

大塚啓二郎（2008）「食糧問題と地球環境の経済学」『環境経済・政策研究』Vol. 1, No. 1、pp.24-34。

Pella, J. J. and Tomlinson, P. K. (1969) A Generalized Stock Production Model, Inter-

American Tropical Tuna Commission Bulletin 13 (3), pp.419-496.

Perman, R. Y. Ma, J. McGilvray and M. Common (2003) *Natural Resource and Environmental Economics*, 3rd edition, Pearson Education Limited.

プリマック (1997)『保全生物学のすすめ—生物多様性保全のためのニューサイエンス—』文一総合出版。(Primack, R. B. (1995) *A Primer of Conservation Biology*, Sinauer Associates Inc.)

Richards, F. J. (1959) A Flexible Growth Function for Empirical Use, *Journal of Experimental Botany* 10, pp.290-300.

Russell, E. S. (1931) Some Theoretical Considerations on the Overfishing Problem, Journal Conservation CIEM 6 (1), pp.3-20.

桜本和美 (1998)『漁業管理のABC—TAC制がよくわかる本—』成山堂書店。

Samuelson, P. A. (1976) Economics of Forestry in an Evolving Society, *Economic Inquiry* 14, pp.466-492.

佐藤仁 (2004)「貧困と『資源の呪い』」井村秀文、松岡俊二、下村恭民編著『環境と開発』第2章 (pp.27-50)、日本評論社。

Schulz, C. E. and A. Skonhoft (1996) Wildlife Management, Land-Use and Conflicts, *Environment and Development Economics* 1, pp.265-280.

Scott, A. D. (1953) Notes on User Cost, *Economic Journal* 63, pp.368-384.

Scott, A. D. (1955) The Fishery: The Objectives of Sole Ownership, *Journal of Political Economy* 63, pp.116-124.

Scott, A. D. and P. A. Neher (1981) The Public Regulation of Commercial Fisheries in Canada (Economic Council of Canada, Ottawa).

Seijo, J. C., O. Defeo and S. Salas (1998) *Fisheries Bioeconomics: Theory, Modelling and Management*, FAO Fisheries Technical Paper 368, 108pp.

Shaffer, M. L. (1981) Minimum Population Sizes for Species Conservation, *BioScience* 31 (2), 131-134.

柴田弘文 (2002)『環境経済学』東洋経済新報社。

Shone, R. (1997) *Economic Dynamics: Phase Diagrams and their Economic Application*, Cambridge University Press.

宿谷昌則 (1999)『自然共生建築を求めて』鹿島出版会。

Skonhoft, A. and J. T. Solstad (1996) Wildlife Management, Illegal Hunting and Conflicts, *Environment and Development Economics* 1, pp.165-181.

Smith, V. L. (1969) On Models of Commercial Fishing, *Journal of Political Economy*, 77, pp.181-198.

Stelfox, J. G., G. M. Lynch and J. R. McGillis (1976) Effects of Clearcut Logging on Wild Ungulates in the Central Albertan Foothills, *Forestry Chronicle* 52, 65-70.

水産庁 (2007)「諸外国 (EU、米国、ノルウェー) の漁業と漁業政策の概要」http://www.jfa.maff.go.jp/gate/syogaikoku.pdf。

竹林征三編著 (1995)『建設環境技術』山海社。

千葉徳爾 (1995)『オオカミはなぜ消えたか』新人物往来社。

地球・人間環境フォーラム (2005)『環境要覧〈2005/2006〉』古今書院。

槌田敦 (1982)『資源物理学入門』日本放送出版協会。

都留重人 (1972)『公害の政治経済学』岩波書店。

ターナー、ピアス、ベイトマン (2001)『環境経済学入門』大沼あゆみ訳、東洋経済新報社。(Turner, R. K., Pearce, D. W., Bateman, I. (1994) *Environmental Economic: An Elementary Introduction*, Harvester Wheatsheaf.)

植田和弘 (1996)『環境経済学』岩波書店。

植田和弘、落合仁司、北畠佳房、寺西俊一 (1991)『環境経済学』有斐閣ブックス。

宇沢弘文 (2003)『経済解析 展開篇』岩波書店。

宇沢弘文、石川幹子 (2002)「『経済学』と『ランドスケープ』の原風景」BIO-City 24 号、pp.16-24。

Wackernagel, M., N. B. Schulz, D. Deumling, A. C. Linares, M. Jenkins, V. Kapos, C. Monfreda, J. Loh, N. Myers, R. Norgaard, and J. Randers (2002) Tracking the Ecological Overshoot of the Human Economy, *Proceedings of the National Academy of Sciences of the United States of America* 99 (14), 9266-9271.

ワケナゲル、リース (2004)『エコロジカル・フットプリント__地球環境持続のための実践プランニング・ツール』和田喜彦監訳、池田真理訳、合同出版。(Wackernagel, M., and W. E. Rees (1996) Our Ecological Footprint: Reducing Human Impact on the Earth, New Society.)

渡辺誠 (2000)「縄文人の食生活」渡辺誠、甲元眞之編『縄文人・弥生人は何を食べたか』pp.6-9、雄山閣。

WWF (2000, 2002, 2004, 2006) *Living Planet Report* (『生きている地球レポート』のタイトルで WWF ジャパンによる邦訳あり)

山崎圭一 (1993)「地球環境問題と国際分業：南北問題論的アプローチ」中川信義編『国際産業論』ミネルヴァ書房。

野生鳥獣保護管理研究会編 (2001)『野生鳥獣保護管理ハンドブック：ワイルドライフ・マネージメントを目指して』日本林業調査会。

湯本貴和、松田裕之編 (2006)『世界遺産をシカが喰う シカと森の生態学』文一総合出版。

鷲谷いづみ、矢原徹一（1996）『保全生態学入門―遺伝子から景観まで』文一総合出版
ウィルソン、ボサート（1977）『集団の生物学入門』巖俊一、石和貞男訳、培風館。(Wilson, E. O. and W. H. Bossert (1971) *A primer of population biology*, Sinauer Associates)
山田作太郎、田中栄次（1999）『水産資源解析学』成山堂書店。
財団法人日本野生生物研究センター（1980）「第2回　自然環境保全基礎調査　動物分布調査報告書（哺乳類）全国版（その2）」。
ジンマーマン（1954）『世界の資源と産業』後藤誉之助、小島慶三、黒沢俊一訳、時事通信社。(Zimmermann, E. W. (1951) *World Resources and Industries: A Functional Appraisal of the Availability of Agricultural and Industrial Materials*, Revised Edition, Harper & Brothers, Publishers.)

■著者紹介

河田　幸視　（かわた　ゆきちか）

1972 年	山口県に生まれる
1998 年	京都大学大学院人間・環境学研究科修士課程修了
2004 年	京都大学大学院農学研究科博士後期課程修了
	京都大学博士（農学）
2005 年	慶應義塾大学経済学部専任講師
2008 年	帯広畜産大学畜産衛生学研究部門助教

主要業績

河田幸視（2007）『自然資源管理の経済学』大学教育出版。

Kawata, Y. (2008) Estimation of Carrying Capacities of Large Carnivores in Latvia, *Acta Zoologica Lituanica*, Vol. 18, No. 1, pp.3-9.

Kawata, Y., J. Ozoliņš, and Ž. Andersone-Lilley (2008) An Analysis of the Game Animal Population Data from Latvia, *Baltic Forestry*, Vol. 14, No. 1, (in press).

Suggested citation

Kawata, Yukichika（2008）
Introduction to Biological Resource Economics
University Education Press Co., Ltd.

生物資源の経済学入門

2008 年 10 月 5 日　初版第 1 刷発行

■著　　者────河田幸視
■発 行 者────佐藤　守
■発 行 所────株式会社 大学教育出版
　　　　　　　〒700-0953　岡山市西市 855-4
　　　　　　　電話（086）244-1268　FAX（086）246-0294
■印刷製本────サンコー印刷㈱
■装　　丁────ティーボーンデザイン事務所

Ⓒ Yukichika Kawata 2008, Printed in Japan
検印省略　　　落丁・乱丁本はお取り替えいたします。
無断で本書の一部または全部を複写・複製することは禁じられています。
ISBN978-4-88730-866-4

好評発売中

自然資源管理の経済学

河田幸視 著
ISBN978-4-88730-777-3
定価 2,100 円(税込)

魚類、野生動物などの生物資源の持続的利用について経済的な観点から分析。

生物遺伝資源アクセスと利益配分に関する理論と実際
―新医薬品開発を例に―

林 希一郎 著
ISBN978-4-88730-734-6
定価 3,990 円(税込)

遺伝資源の利用から生じる利益の公正かつ公平な配分の課題について多角的に論じる。